高等院校嵌入式人才培养规划教材

嵌入式操作系统

Linux篇 | 微课版

华清远见嵌入式学院 刘洪涛 高明旭 主编
熊家 于博 副主编

人民邮电出版社
北京

图书在版编目（CIP）数据

嵌入式操作系统. Linux篇 : 微课版 / 刘洪涛, 高明旭主编. -- 3版. -- 北京 : 人民邮电出版社, 2017.3(2024.1重印)
高等院校嵌入式人才培养规划教材
ISBN 978-7-115-44687-9

Ⅰ. ①嵌… Ⅱ. ①刘… ②高… Ⅲ. ①实时操作系统－高等学校－教材②Linux操作系统－高等学校－教材
Ⅳ. ①TP316.2②TP316.89

中国版本图书馆CIP数据核字(2017)第008253号

内 容 提 要

本书较为全面地介绍了嵌入式操作系统，全书共 10 章，分别为嵌入式 Linux 操作系统简介、嵌入式 Linux 操作系统的使用、Linux 软件管理、Linux 用户管理、Linux 文件系统、Linux 网络配置管理、嵌入式 Linux 编程环境、Shell 编程环境、中断与设备管理、正则表达式，书中还提供了练习题和配套视频。

本书可以作为高等院校嵌入式相关专业和计算机相关专业的教材，也可以作为计算机软硬件培训班教材，还可以作为嵌入式研究方向的专业人才和广大计算机爱好者的参考用书。

◆ 主　　编　华清远见嵌入式学院　刘洪涛　高明旭
副 主 编　熊　家　于　博
责任编辑　桑　珊
执行编辑　左仲海
责任印制　焦志炜

◆ 人民邮电出版社出版发行　　北京市丰台区成寿寺路 11 号
邮编　100164　　电子邮件　315@ptpress.com.cn
网址　http://www.ptpress.com.cn
三河市君旺印务有限公司印刷

◆ 开本：787×1092　1/16
印张：15　　　　　　2017 年 3 月第 3 版
字数：271 千字　　　　2024 年 1 月河北第18次印刷

定价：49.80 元

读者服务热线：(010) 81055256　印装质量热线：(010) 81055316
反盗版热线：(010) 81055315

前言 Foreword

随着消费群体对产品要求的日益提高，嵌入式技术在机械器具制造、电子产品制造、通信、信息服务等领域得到了大显身手的机会，应用日益广泛，相应地，企业对嵌入式人才的需求也越来越多。近几年来，很多院校纷纷开设了嵌入式专业或方向。虽然目前市场上的嵌入式开发相关书籍比较多，但很多是针对有一定基础的行业内研发人员而编写的，并不完全符合学校的教学要求。学校教学需要一套充分考虑学生现有知识基础和接受程度、明确各门课程教学目标的、便于学校安排课时的嵌入式专业教材。

针对教材缺乏的问题，我们以多年来在嵌入式工程技术领域内人才培养、项目研发的经验为基础，汇总了近几年积累的数百家企业对嵌入式研发相关岗位的真实需求，调研了数十所开设嵌入式专业的院校的课程设置情况、学生特点和教学用书现状。经过细致的整理和分析，对专业技能和基本知识进行合理划分，我们于 2013 年编写了这套高等院校嵌入式人才培养规划教材，包括以下 4 本。

《嵌入式操作系统（Linux 篇）（微课版）》

《嵌入式 Linux C 语言程序设计基础教程（微课版）》

《ARM 嵌入式体系结构与接口技术（Cortex-A9 版）（微课版）》

《嵌入式应用程序设计综合教程（微课版）》

经过了 3 年，嵌入式行业发生了巨大变化，产品也得到了升级换代，同时，高等院校嵌入式专业日臻成熟，首批教材有些已无法满足新的需要，所以本次编写对原有教材进行修订。

本书作为嵌入式专业的 Linux 操作系统教材，共分为 10 章。第 1 章嵌入式 Linux 操作系统简介，主要介绍常用的嵌入式 Linux 操作系统和 Linux 操作系统安装方法；第 2 章 Linux 操作系统的使用，主要介绍 Linux 操作系统的一些常用命令；第 3 章 Linux 软件管理，主要介绍 Linux 软件管理的机制及如何在 Linux 下安装和卸载软件；第 4 章 Linux 用户管理，主要介绍 Linux 对用户的管理机制及不同用户在 Linux 操作系统中拥有的权限；第 5 章 Linux 文件系统，主要介绍 Linux 操作系统支持的文件系统种类，以及 Linux 文件系统的框架；第 6 章 Linux 网络配置管理，主要介绍 Linux 中网络的常用配置方法，以及常用网络服务开启的方法；第 7 章嵌入式 Linux 编程环境，主要介绍在嵌入式开发中，在 Linux 上搭建的开发环境的方法；第 8 章 Shell 编程，主要介绍 Linux 下 Shell 语言的基本语法及如何写 Shell 脚本；第 9 章中断及设备管理，主要介绍 Linux 内核对外围硬件设备和中断管理的机制；第 10 章正则表达式，主要介绍正则表达式的使用方法和命令。全书整个章节的设置主要是让不了解 Linux 操作系统的读者掌握 Linux 操作系统的使用方法和实现机制。

本书由刘洪涛、高明旭、熊家、于博合作完成。本书的完成需要感谢华清远见嵌入式学院，教材内容参考了学院与嵌入式企业需求无缝对接的、科学的专业人才培养体系。同时，在嵌入式学院从业或执教多年的行业专家团队也对教材的编写工作做出了贡献，季久峰、贾燕枫、关晓强等老师在书稿的编写过程中认真阅读了所有章节，提供了大量在实际教学中积累的重要素材，对教材结构、内容提出了中肯的建议，并在后期审校工作中提供了很多帮助，在此表示衷心的感谢。

本书所有源代码、PPT 课件、教学素材等辅助教学资料，请到人民邮电出版社教育社区（www.ryjiaoyu.com）免费下载。

由于作者水平所限，书中不妥之处在所难免，恳请读者批评指正。对于本书的批评和建议，可以发到 www.embedu.org 技术论坛。

编　者

2016 年 11 月

平台支撑
Platform

华清创客学院（www.makeru.com.cn）是一家创客 O2O 在线教育平台，由国内高端 IT 培训领导品牌华清远见教育集团鼎力打造。学院依托于华清远见教育集团在高端 IT 培训行业积累的十多年教学及研发经验，以及上百位优秀讲师资源，专注为用户提供高端、前沿的 IT 开发技术培训课程。以就业为导向，以提高开发能力为目标，努力让每一位用户在这里学到真本领，为用户成为嵌入式、物联网、智能硬件时代的技术专家助力！

一、我们致力于这样的发展理念

我们有一种情怀：为中国、为世界智能化变革的发展培养更多的优秀人才。

我们有一种坚持：坚持做专业教育、做良心教育、做受人尊敬的职业教育。

我们有一种变革：在互联网高速发展的时代，打造“互联网+教育”模式下的 IT 人才终身学习教学体系。

二、我们致力于提供这样的学习方式

1. 多元化的课程学习体系

（1）学习模式的多元化。您可以根据自身的实际情况选择 3 种学习模式，在线学习、线下报班学习、线上线下结合式学习。每一种模式都有专业的学习路线指导，并有辅导老师悉心答疑，对于学完整套课程的同学有高薪就业职位推荐。

（2）学习内容的多元化。我们提供基础知识课程、会员提升课程、流行技术精品套餐课程、就业直通车课程、职业成长课程等丰富的课程体系。不管您是职场“小白”还是 IT 从业人员，都可以在这里找到您的学习路线。

（3）直播课程的多元化。包括基础类、技术问答类、IT 人的职业素养类、IT 企业的面试技巧类、IT 人的职业发展规划类、智能硬件产品解析类。

2. 大数据支撑下的过程化学习模式

（1）自主学习课程。我们提供习题练习模式支持您的学习，每章学习完成后都有配套的练习题助您检验学习成果，整个课程学习完成后，系统会自动根据您的答题情况，分析出您对课程的整体掌握程度，帮助您随时掌握自身学习情况。

（2）报班模式下的学习课程。系统会根据您选取的班级，为您制定详细的阶段化学习路线，学习路线采用游戏通关模式，课程章节有考核测验、课程有综合检验、每阶段有项目开发任务。学习过程全程通过大数据进行数据分析，帮助您与班主任随时了解您的课程学习掌握程度，班主任会定期根据您的学习情况开放直播课程，为您的薄弱环节进行细致讲解，考核不合格则无法通过关卡进入下一个环节。

三、我们致力于提供这样的服务保障

1. 与企业岗位的无缝对接

（1）在线课程经过企业实体培训检验。华清远见是国内最早的高端 IT 定制培训服务机构，在业界享有盛誉。每年我们都会为不同的企业“量身订制”满足企业需求的高端企业内训课程，曾先后为 Intel、松下、通用电器、摩托罗拉、ST 意法半导体、三星、华为、大唐电信等众多知名企业进行员工内训。

（2）拥有独立的自主研发中心。为开发和培训提供技术和产品支持，已经研发多款智能硬件产品、实验平台、实验箱等设备，并与中南大学、中国科学技术大学等高校共建嵌入式、物联网实验室。目前已经公开出版 80 多本教材，深受读者的欢迎。

（3）平台提供企业招聘通道。学员可在线将自己的学习成果全部展现给企业 HR，增加您进入大型企业的机会。众多合作企业定期发布人才需求，还有企业上门招聘，全国 11 大城市就业推荐。

2. 丰富的课程资源

华清创客学院紧跟市场需求，全新录制高质量课程，深入讲解当下热门的开发技术，包括嵌入式、Android、物联网、智能硬件课程（VR/AR、智能手表、智能小车、无人机等），希望我们的课程能帮您抓住智能硬件时代的发展机遇，打开更广阔的职业发展空间。

3. 强大的师资团队

由华清远见金牌讲师团队+技术开发“大牛”组成的上百人讲师团队，有着丰富的开发与培训经验，其中不乏行业专家和企业项目核心开发者。

4. 便捷的学习方式

下载学院 APP 学习，不论您是在学校、家里还是外面，都可以随时随地学习。与教材配套使用，利用碎片时间学习，提升求职就业竞争力！

5. 超值的会员福利

会员可免费观看学院 70%的课程，还可优先参加直播课程、新课程上线抢先试学、学习积分翻倍等活动，并有机会免费参加线下体验课。

四、我们期待您的加入

欢迎关注华清创客学院官网 www.makeru.com.cn，见证我们的成长。期待您的加入，愿与您一起打造未来 IT 人的终身化学习体系。

本书配套课程视频观看方法：注册华清创客学院，手机扫描二维码即可观看课程视频；或在计算机上搜索书名，查找配套课程视频。

目录
Contents

第 1 章　嵌入式 Linux 操作系统简介 1

1.1　操作系统 2
　1.1.1　操作系统的基本概念 2
　1.1.2　操作系统的主要组成 4
1.2　嵌入式系统与通用 PC 系统的不同 5
1.3　嵌入式操作系统 7
1.4　嵌入式 Linux 基础 9
　1.4.1　Linux 发展概述 9
　1.4.2　Linux 作为嵌入式操作系统的优势 11
　1.4.3　Linux 发行版本 12
1.5　Linux 系统安装 13
　1.5.1　文件系统和硬盘分区的概念 13
　1.5.2　安装准备 15
　1.5.3　安装过程 15
1.6　安装虚拟机工具 27
1.7　配置 vim 编辑环境 33
思考与练习 33

第 2 章　Linux 操作系统的使用 34

2.1　认识 Shell 35
2.2　Shell 命令的格式 36
　2.2.1　命令提示符 36
　2.2.2　命令格式 37
2.3　Linux 命令 37
　2.3.1　用户系统相关命令 37
　2.3.2　文件、目录相关命令 42
　2.3.3　压缩打包相关命令 52
　2.3.4　文件比较命令 diff 55
2.4　Linux 环境变量 57
思考与练习 59

第 3 章　Linux 软件管理 60

3.1　Linux 系统的软件管理机制 61
　3.1.1　常用软件包管理工具简介 61
　3.1.2　软件的安装与卸载 62
　3.1.3　静态软件包的管理 64
　3.1.4　软件包的制作 68
3.2　APT 高级软件包管理工具 69
　3.2.1　APT 的运行机制 69
　3.2.2　3 个重要的配置文件 72
　3.2.3　apt-get 工具集 72
　3.2.4　apt-cache 工具集 79
思考与练习 83

第 4 章　Linux 用户管理 84

4.1　用户的定义 85
　4.1.1　用户的属性 85
　4.1.2　用户与组 85
　4.1.3　相关的配置文件 86
4.2　管理命令 87
　4.2.1　创建用户 87
　4.2.2　删除用户 88
　4.2.3　修改属性 89
　4.2.4　组管理 89
　4.2.5　用户间通信 90
4.3　磁盘配额 90
　4.3.1　磁盘配额的概念 90
　4.3.2　相关命令 91
　4.3.3　应用实例 93
思考与练习 96

第 5 章　Linux 文件系统 97

5.1　文件和目录 98
　5.1.1　Linux 文件的分类 98
　5.1.2　Linux 目录结构 99
5.2　文件系统 100
5.3　文件系统体系结构 101
5.4　使用 BusyBox 制作根文件系统 103
　5.4.1　配置与编译 BusyBox 103
　5.4.2　制作 initrd 镜像 105
思考与练习 108

第6章 Linux网络配置管理 109

6.1 网络基础知识介绍 110
6.1.1 IP地址 110
6.1.2 子网掩码 111
6.1.3 网关 111
6.1.4 DNS服务器 112
6.2 Linux系统网络配置 112
6.2.1 ifconfig命令 112
6.2.2 修改配置文件来配置IP地址、网关、子网掩码 114
6.2.3 配置DNS服务器 115
6.3 Linux系统常用网络服务配置 116
6.3.1 TFTP服务 117
6.3.2 NFS服务 120
思考与练习 123

第7章 嵌入式Linux编程环境 124

7.1 Linux编辑器vi的使用 125
7.1.1 vi的工作模式 125
7.1.2 使用vi的基本流程 126
7.1.3 vi的模式按钮说明 127
7.2 GCC编译器 130
7.2.1 GCC编译流程及编译选项分析 130
7.2.2 GCC编译选项分析 133
7.3 GDB调试器 134
7.3.1 GDB使用流程 134
7.3.2 GDB命令行参数 138
7.3.3 GDB基本命令 139
7.4 Make工程管理器 143
7.4.1 Makefile基本规则 144
7.4.2 Makefile假目标 149
7.4.3 Makefile变量 150
思考与练习 152

第8章 Shell编程 153

8.1 认识Shell脚本 154
8.2 Shell脚本的基本语法 154
8.2.1 开头 155
8.2.2 执行 155
8.2.3 注释 156
8.2.4 变量 156
8.2.5 Shell程序和语句 161
8.2.6 Shell函数 172
8.2.7 Shell脚本调用 174
8.3 Shell俄罗斯方块游戏 174
8.3.1 方块定义 175
8.3.2 方块移动 178
8.3.3 随机数 185
8.3.4 随机方块移动 188
8.3.5 随机方块降落 193
思考与练习 198

第9章 中断及设备管理 199

9.1 中断的概念 200
9.2 嵌入式平台硬件中断特点 201
9.3 Linux内核中断机制概述 204
9.3.1 中断处理系统结构 208
9.3.2 注册中断处理函数 209
9.3.3 中断标志flags 211
9.3.4 ISR上下文 212
9.4 设备及设备管理的功能 212
9.4.1 设备分类 212
9.4.2 设备管理 213
9.4.3 Linux字符设备 213
9.4.4 Linux块设备 215
9.4.5 Linux网络接口 216
9.4.6 Linux设备文件 216
思考与练习 218

第10章 正则表达式 219

10.1 正则表达式的起源 220
10.2 正则表达式的基本概念 220
10.3 正则表达式中常用符号的定义 221
10.3.1 普通字符 221
10.3.2 非打印字符 221
10.3.3 特殊字符 222
10.3.4 限定符 222
10.4 正则表达式常用匹配规则 223
10.4.1 基本模式匹配 223
10.4.2 字符簇 224
10.4.3 确定重复出现 225
10.5 正则表达式应用部分示例 226
10.5.1 简单表达式 226
10.5.2 字符匹配 226
10.5.3 中括号表达式 227
10.5.4 替换和分组 228
10.5.5 其他示例 229
思考与练习 230

PART01

第1章

嵌入式Linux操作系统简介

■ Linux是发展最快、应用最广泛的操作系统之一。Linux本身的种种特性使其成为嵌入式开发者的首选。在进入市场的头两年中，嵌入式Linux设计就因为应用广泛获得了巨大的成功。随着技术的成熟，Linux提供了对更小尺寸和更多类型的处理器的支持，并从早期的试用阶段逐渐成为嵌入式的主流。

1.1 操作系统

1.1.1 操作系统的基本概念

操作系统（Operating System，OS）是管理和控制计算机硬件与软件资源的计算机程序，它是直接运行在“裸机”上的最基本的系统软件，任何其他软件都必须在操作系统的支持下才能运行。换句话说，操作系统是用户和计算机的接口，同时也是计算机硬件和其他软件的接口。操作系统的功能包括管理计算机系统的硬件、软件及数据资源，控制程序运行，改善人机界面，为其他应用软件提供支持等，以使计算机系统所有资源最大限度地发挥作用。现代操作系统提供了各种形式的用户界面，使得用户可以拥有一个好的工作环境，并且为其他软件的开发提供必要的服务和相应的接口，其关系说明如图 1-1 所示。

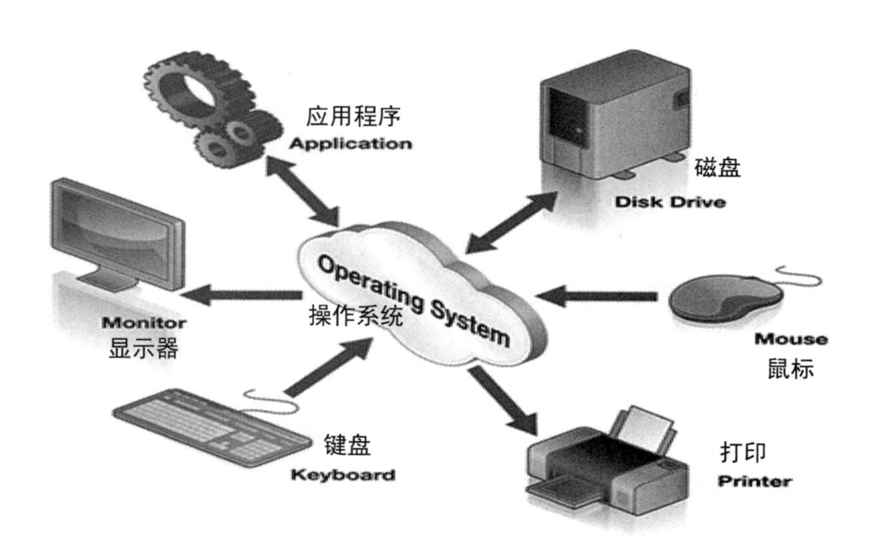

图 1-1　嵌入式操作系统组成

操作系统根据用户界面的使用环境和功能特征的不同，一般可分为 3 种基本类型，即批处理操作系统、分时操作系统和实时操作系统。随着计算机体系结构的发展，又出现了许多种操作系统，它们是嵌入式操作系统、个人操作系统、网络操作系统和分布式操作系统。目前流行的操作系统主要有 Android、BSD、iOS、Linux、Mac OS X、Windows、Windows Phone 和 z/OS 等，除了 Windows 和 z/OS 等少数操作系统，大部分操作系统都为类

UNIX 操作系统。

1. 批处理操作系统

批处理（Batch Processing）操作系统的工作方式是用户将作业交给系统操作员，系统操作员将许多用户的作业组成一批作业，之后输入到计算机中，在系统中形成一个自动转接的连续的作业流，然后启动操作系统，系统自动、依次执行每个作业。最后由操作员将作业结果交给用户。批处理操作系统的特点是多通道和成批处理。

2. 分时操作系统

分时（Time Sharing）操作系统的工作方式是一台主机连接了若干个终端，每个终端有一个用户在使用。用户交互式地向系统提出命令请求，系统接收每个用户的命令，采用时间片轮转方式处理服务请求，并通过交互方式在终端上向用户显示结果。用户根据上步结果发出下道命令。分时操作系统将 CPU 的时间划分成若干个片段，称为时间片。操作系统以时间片为单位，轮流为每个终端用户服务。每个用户轮流使用一个时间片而并不感到有别的用户存在。分时系统具有多路性、交互性、独占性和及时性的特征。多路性是指同时有多个用户使用一台计算机，宏观上看是多个人同时使用一个 CPU，但微观上是多个人在不同时刻轮流使用 CPU。交互性是指用户可根据系统响应结果进一步提出新请求（用户直接干预每一步）。独占性是指用户感觉不到计算机为其他人服务，就像整个系统为他所独占。及时性是指系统对用户提出的请求及时响应。

常见的通用操作系统是分时系统与批处理系统的结合。其原则是分时优先，批处理在后。前台响应需频繁交互的作业，如终端的要求；后台处理时间性要求不强的作业。

3. 实时操作系统

实时操作系统（Real Time Operating System，RTOS）是指使计算机能及时响应外部事件的请求，在规定的时间内完成对该事件的处理，并控制所有实时设备和实时任务协调一致地工作的操作系统。实时操作系统追求的目标是对外部请求在严格时间范围内做出反应，具有高可靠性和完整性。

4. 嵌入式操作系统

嵌入式操作系统（Embedded Operating System，EOS）是运行在嵌入式系统环境中，对整个嵌入式系统以及它所操作、控制的各种部件装置等资源进行统一协调、调度、指挥和控制的系统软件。

5. 个人计算机操作系统

个人计算机操作系统是一种单用户多任务的操作系统。它主要供个人使用，功能强，价格便宜，几乎可以在任何地方安装使用，能满足一般操作、学习、游戏等方面的需求。个人计算机操作系统的主要特点是计算机在某一时间内为单个用户服务；采用图形界面人机交互的工作方式，界面友好；使用方便，用户无需专门学习，也能熟练操作。

6．网络操作系统

网络操作系统基于计算机网络，是在各种计算机操作系统上按网络体系结构协议标准开发的软件套件，包括网络管理、通信、安全、资源共享和各种网络应用。其目标是相互通信及资源共享。

7．分布式操作系统

大量的计算机通过网络被连接在一起，可以获得极高的运算能力及广泛的数据共享。这种系统被称为分布式系统（Distributed System）。

总之，操作系统位于底层硬件与用户之间，是两者沟通的桥梁。用户可以通过操作系统的用户界面输入命令；操作系统则对命令进行解释，驱动硬件设备，实现用户要求。

1.1.2 操作系统的主要组成

对一个操作系统我们可以大致把它分为 4 部分：驱动程序、内核、接口库、外围，如图 1-2 所示。

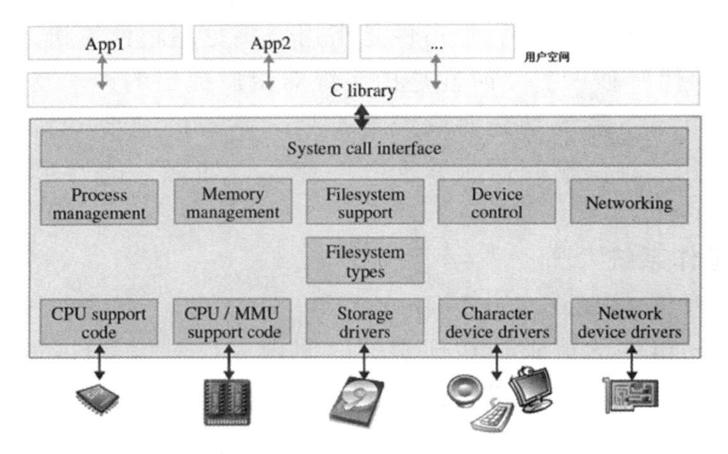

图 1-2 嵌入式系统组成图

1．驱动程序

驱动程序是操作系统最底层的、直接控制和监视各类硬件的部分，它们的职责是隐藏硬件的具体细节，并向其他部分提供一个抽象的、通用的接口。

2．内核

内核为操作系统之最核心部分，包括进程管理、内存管理、文件系统管理、设备管理等核心单元。其中，内存管理和进程管理可以用来作为衡量一个操作系统的标准。

3. 接口库

接口库是一系列特殊的程序库，它们的职责在于把系统所提供的基本服务包装成应用程序所能够使用的编程接口（API），因而是最靠近应用程序的部分。例如，GNU C 运行库就属于此类，它把各种操作系统的内部编程接口包装成 ANSIC 和 POSIX 编程接口的形式。

4. 外围

所谓外围，是指操作系统中除上述 3 部分以外的所有其他部分，通常是用于提供特定高级服务的部件。例如，在微内核结构中的大部分系统服务，以及 UNIX/Linux 中各种守护进程都通常被划归此列。

当然，这里所介绍的 4 部分不能说所有的操作系统都这样划分。例如，在早期的微软视窗操作系统中，各部分耦合程度很深，难以区分彼此。而在使用外核结构的操作系统中，则根本没有驱动程序的概念。因而，本节的讨论只适用于一般情况，具体特例需具体分析。

1.2 嵌入式系统与通用 PC 系统的不同

嵌入式系统是以应用为中心，以计算机技术为基础，软硬件可裁剪，适用于应用系统，对功能、可靠性、成本、体积、功耗等方面有特殊要求的专用计算机系统。

从上面的定义我们可以知道，嵌入式系统也是一个计算机系统。下面我们就从一个计算机系统的基本组成来对比一下嵌入式系统与通用 PC 系统的不同，见表 1-1。

表 1-1 嵌入式系统与 PC 系统对比

设备名称	嵌入式系统	PC 系统
CPU	嵌入式处理器（ARM、MIPS）	CPU（Intel 的 Pentium、AMD 的 Athlon 等）
内存	SDRAM/DDR 芯片	SDRAM，DDR 内存条
存储设备	Flash 芯片	硬盘
输入设备	按键、触摸屏	鼠标、键盘
输出设备	LCD(640×480，320×240)	显示器
声音设备	音频芯片	声卡
接口	MAX232 等芯片	主板集成
其他设备	USB 芯片、网卡芯片	主板集成或外接卡

嵌入式计算机系统与通用计算机系统相比具有如下特点。

（1）嵌入式系统是面向特定系统应用的。嵌入式处理器大多数是专门为特定应用设计的，具有功耗低、体积小、集成度高等特点，一般是包含各种外围设备接口的片上系统。

（2）嵌入式系统涉及计算机技术、微电子技术、电子技术、通信、软件等各行各业。它是一个技术密集、资金密集、高度分散、不断创新的知识集成系统。

（3）嵌入式系统的硬件和软件都必须具备高度可定制性，只有这样才能适应嵌入式系统应用的需要，在产品价格、性能等方面具备竞争力。

（4）嵌入式系统的生命周期相当长。当嵌入式系统应用到产品以后，还可以进行软件升级，它的生命周期与产品的生命周期几乎一样长。

（5）嵌入式系统不具备本地系统开发能力，通常需要有一套专门的开发工具和环境。

在计算机后 PC 技术时代，嵌入式系统将拥有庞大的市场。计算机和网络已经全面渗透到日常生活的每一个角落。各种各样的新型嵌入式系统设备在应用数量上已经远远超过通用计算机，任何一个普通人都可能拥有从小到大的各种使用嵌入式技术的电子产品，小到 MP3、PDA 等微型数字化产品，大到网络家电、智能家电、车载电子设备。而在工业和服务领域中，使用嵌入式技术的数字机床、智能工具、工业机器人、服务机器人也将逐渐改变传统的工业和服务方式，如图 1-3 所示。

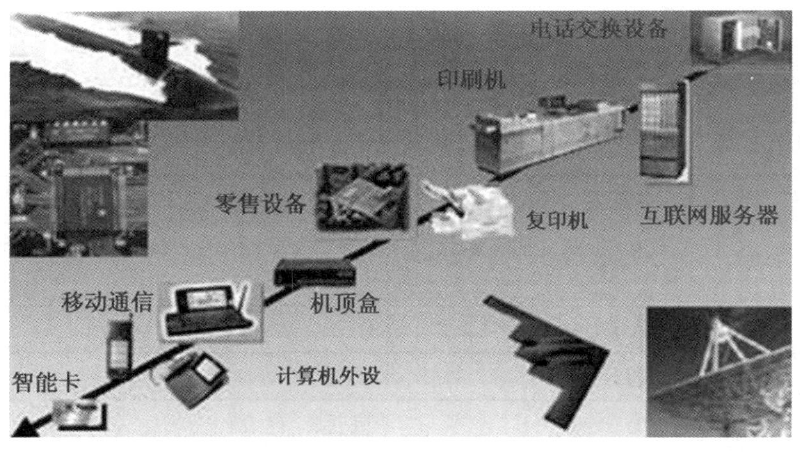

图 1-3　嵌入式产品

美国著名的未来学家尼葛洛庞帝在 1999 年访华时曾预言，4～5 年后嵌入式系统将是继 PC 和 Internet 之后最伟大的发明。这个预言已经成为现实，现在的嵌入式系统正处于高速发展阶段，它无处不在。

1.3 嵌入式操作系统

嵌入式操作系统的一个重要特性是实时性。所谓实时性，就是在确定的时间范围内响应某个事件的特性。操作系统的实时性在某些领域是至关重要的，如工业控制、航空航天等领域。想象一下飞机正在空中飞行，如果嵌入式系统不能及时响应飞行员的控制指令，那么极有可能导致空难事故。而有些嵌入式系统应用并不需要绝对的实时性，如 PDA 播放音乐，个别音频数据丢失并不影响效果，这可以使用软实时的概念来衡量。

据调查，目前全世界的嵌入式操作系统已经有 200 多种。从 20 世纪 80 年代开始，出现了一些商用嵌入式操作系统，它们大部分都是为专有系统而开发的。随着嵌入式领域的发展，各种各样的嵌入式操作系统会相继问世。有许多商用嵌入式操作系统，也有大量开放源代码的嵌入式操作系统。其中著名的嵌入式操作系统有 Linux、μC/OS、Windows CE、VxWorks 和 QNX 等，下面分别进行介绍。

1. Linux

根据 IDC 的报告，Linux 已经成为全球第二大操作系统。预计在服务器市场上，Linux 在未来几年内将以每年 25%的速度增长，中国的 Linux 市场更是保持 40%左右的增长速度。

嵌入式 Linux 版本还有多种变体。例如，RTLinux 通过改造内核实现了实时的 Linux；RTAI、Kurt 和 Linux/RK 也提供了实时能力；μCLinux 去掉了 Linux 的 MMU（内存管理单元），能够支持没有 MMU 的处理器。

2. μC/OS

μC/OS 是一个典型的实时操作系统。该系统从 1992 年开始发展，目前流行的是第二个版本，即μC/OS II。它的特点是开放源代码，代码结构清晰，注释详尽，组织有条理，可移植性好；可剪裁，可固化；抢占式内核，最多可以管理 60 个任务。该系统短小精悍，是研究和学习实时操作系统的首选。

3. Windows CE

Windows CE 是微软公司的产品，它是从整体上为资源有限的平台设计的多线程、完整优先权、多任务的操作系统。Windows CE 采用模块化设计，并允许针对从掌上电脑到专用的工控电子设备进行定制。操作系统的基本内核需要至少 200KB 的 ROM。从 SEGA 的 DreamCast 游戏机到现在大部分的高价掌上电脑都采用了 Windows CE。

随着嵌入式操作系统领域日益激烈的竞争，微软公司不得不应付来自

Linux等免费系统的冲击。微软公司在Windows CE.Net 4.2版中，增加了一项授权价仅3美元的精简版本Windows CE.Net Core。Windows CE.Net Core具有基本的功能，包括实时OS核心（Real Time OS Kernel），新文件系统，IPv4、IPv6、WLAN、蓝牙等联网功能，Windows Media Codec，.Net开发框架以及SQL Server.ce。微软公司推出低价版本Windows CE.Net，主要是看好语音电话、WLAN的无线桥接器和个性化视听设备的成长潜力。

4. VxWorks

VxWorks是WindRiver公司专门为实时嵌入式系统设计开发的操作系统软件，为程序员提供了高效的实时任务调度、中断管理，实时的系统资源以及实时的任务间通信。应用程序员可以将尽可能多的精力放在应用程序本身，而不必再去关心系统资源的管理。该系统主要应用在单板机、数据网络（以太网交换机、路由器）、通信方面等诸多方面。其核心功能如下。

（1）微内核Wind。

（2）任务间通信机制。

（3）网络支持。

（4）文件系统和I/O管理。

（5）POSIX标准实时扩展。

（6）C++以及其他标准支持。

这些核心功能可以与WindRiver系统的其他附件和Tornado合作伙伴的产品结合在一起使用。谁都不能否认这是一个非常优秀的实时系统，但其昂贵的价格使不少厂商望而却步。

5. QNX

QNX也是一款实时操作系统，由加拿大QNX软件系统有限公司开发。它广泛应用于自动化、控制、机器人科学、电话、数据通信、航空航天、计算机网络系统、医疗仪器设备、交通运输、安全防卫系统、POS机、零售机等任务关键型应用领域。20世纪90年代后期，QNX系统在高速增长的Internet终端设备、信息家电及掌上电脑等领域也得到了广泛应用。

QNX的体系结构决定了它具有非常好的伸缩性，用户可以把应用程序代码和QNX内核直接编译在一起，使之为简单的嵌入式应用生成一个单一的多线程映像。它也是世界上第一个遵循POSIX1003.1标准、从零设计的微内核，因此具有非常好的可移植性。

嵌入式操作系统的选择是前期设计过程的一项重要工作，这将影响到工程后期的发布以及软件的维护。首先，不管选用什么样的系统，都应该考虑操作系统对硬件的支持，如果选择的系统不支持将来要使用的硬件平台，那么这个系统是不合适的；其次，要考虑的是开发调试用的工具，特别是对于开销敏感和技术水平不强的企业来说，开发工具往往在开发过程中起决定性作用；最后，要考虑的问题是该系统能否满足应用需求。如果一个操作系统提供的 API 很少，那么无论这个系统有多么稳定，应用层很难进行二次开发，这显然也不是开发人员希望看到的。由此可见，选择一款既能满足应用需求，性价比又可达到最佳的实时操作系统，对开发工作的顺利开展意义非常重大。

1.4 嵌入式 Linux 基础

嵌入式 Linux 的队伍越来越庞大，在通信、信息、数字家庭、工业控制等领域，随处都能见到嵌入式 Linux 的身影。究竟是什么原因让嵌入式 Linux 发展如此迅速呢？又究竟是什么原因让它能与强劲的 VxWorks、Windows CE 相抗衡呢？这一切还是要归根于 Linux。可以说，嵌入式 Linux 正是继承和发展了 Linux 的诱人之处才能够走到今天，而 Linux 也正是有了嵌入式 Linux 的广泛应用才更加引人注目。以下就从 Linux 的发端开始，一层层揭开嵌入式 Linux 的面纱。

1.4.1 Linux 发展概述

20 世纪 60 年代时，大部分计算机都是采用批处理的方式（也就是说，当作业积累到一定数量的时候，计算机才会处理）。

为了改变这种现状，美国电报及电话公司（AT&T）、通用电器公司（GE）及麻省理工学院（MIT）计划合作开发一个多用途、分时及多用户的操作系统，也就是 MULTICS。但是由于这个项目太过于复杂，整个目标过于庞大，糅合了太多的特性，进展太慢，几年下来没有任何成果，而且性能很低。

1969 年 2 月，贝尔实验室（Bell labs）决定退出这个项目。

当时贝尔实验室有个工程师叫 Ken Thompson，他为 MULTICS 写了一个叫“Space Travel”的游戏，当时他发现游戏运行的速度很慢。为了这个游戏能玩，他找来了一位天才工程师 Dennis Ritchie，他们用汇编语言写了一个简单的操作系统 Unics，这就是后来的 UNIX 的原型。

1973 年，Ken Thompson 和 Dennis Ritchie 发现用汇编语言移植过于困难，后来他们先后用 B 语言、C 语言重写了 UNIX。

1974 年，UNIX 首次和外界接触，引起了学术界的广泛兴趣。因此，UNIX 从第 5 版本以“仅用于教育目的”协议，提供给各大学作为教学之用。UNIX 开始广泛流行。

1978 年，伯克利大学在 UNIX 上进行改进，推出了自己的 UNIX 版本——

Berkeley Softwore Distribution，即 BSD。同时，AT&T 公司成立了 USG（UNIX Support Group）组织，将 UNIX 变成了商业化的产品。UNIX 的发展脉络如图 1-4 所示。

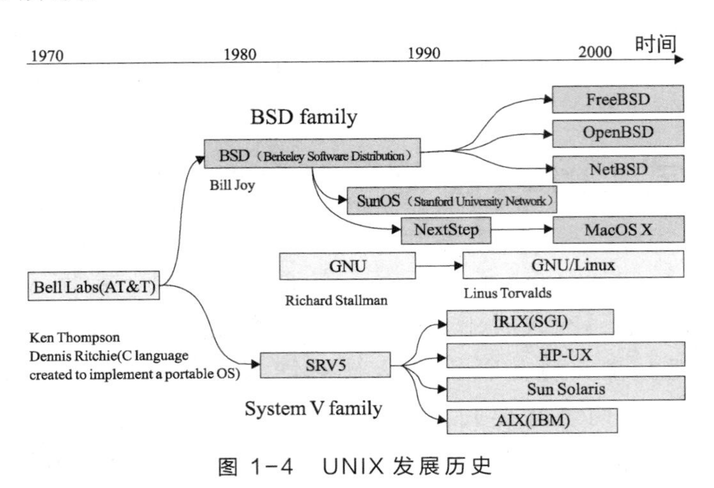

图 1-4 UNIX 发展历史

AT&T 的这种商业态度让当时许许多多的 UNIX 的爱好者和软件开发者们感到相当的痛心和忧虑，他们认为商业化的种种限制并不利于产品的发展，相反还会导致出现诸多的问题。

此时，一个名叫 Richard Stallman 的领军人物出现了，他认为 UNIX 是一个相当好的操作系统，如果大家都能够将自己所学贡献出来，那么这个系统将会更加的优异！他倡导 Open Source 的概念。为了这个理想，Richard Stallman 于 1984 年创立了 GNU，计划开发一套与 UNIX 相互兼容的软件。1985 年 Richard Stallman 又创立了自由软件基金会（Free Software Foundation，FSF）来为 GNU 计划提供技术、法律以及财政支持。尽管 GNU 计划大部分时候是由个人自愿无偿贡献的，但 FSF 有时还是会聘请程序员帮助编写。当 GNU 计划开始逐渐获得成功时，一些商业公司开始介入开发和技术支持。

自 20 世纪 90 年代发起这个计划以来，GNU 开始大量地产生或收集各种系统所必备的组件，如函数库（Libraries）、编译器（Compilers）、调试工具（Debuggers）、文本编辑器（Text Editors）、网站服务器（Web Server），以及一个 UNIX 的使用者接口（UNIX Shell）等。但由于种种原因，GNU 一直没有开发操作系统的内核（Kernel）。正当 Richard Stallman 在为操作系统内核伤脑筋的时候，Linux 出现了。

1991 年，芬兰赫尔辛基大学的学生 Linus Torvals 为了能在家里的 PC 上使用与学校一样的操作系统，开始编写自己的类 UNIX 操作系统。

1991 年 8 月 25 日，Linus 就在 comp.os.minix 新闻组中首次发布了 Linux

内核的第一个公共版本。

最初 Linus 编写的程序只适用于 Intel 386 处理器，且不能移植。由于人们的鼓励，Torvals 继续编写可移植的 Linux 系统。

之后，就有越来越多的计算机爱好者、程序员通过网络，包括通过社区、邮件列表、论坛、Wiki 等参与到 Linux 系统的不断完善之中。

1.4.2 Linux 作为嵌入式操作系统的优势

从 Linux 系统的发展过程可以看出，Linux 从最开始就是一个开放的系统，并且它始终遵循着开放源代码的原则，是一个成熟而稳定的网络操作系统。Linux 作为嵌入式操作系统的优势如下。

1. 低成本开发系统

Linux 的源码开放性允许任何人可以获取并修改 Linux 的源码。这样一方面大大降低了开发的成本，另一方面又可以提高开发产品的效率，并且还可以在 Linux 社区中获得支持，用户只需向邮件列表发一封邮件，即可获得作者的支持。

2. 可应用于多种硬件平台

Linux 可支持 x86、PowerPC、ARM、XSCALE、MIPS、SH、68K、Alpha、SPARC 等多种体系结构，并且已经被移植到多种硬件平台。这对于经费、时间受限制的研究与开发项目是很有吸引力的。Linux 采用一个统一的框架对硬件进行管理，同时从一个硬件平台到另一个硬件平台的改动与上层应用无关。

3. 可定制的内核

Linux 具有独特的内核模块机制，它可以根据用户的需要，实时地将某些模块插入或移出内核，并能根据嵌入式设备的个性需要量体裁衣。经裁剪的 Linux 内核最小可达到 150KB 以下，尤其适合嵌入式领域中资源受限的实际情况。在 2.6 内核中加入了许多嵌入式友好特性，如构建用于不需要用户界面的设备的小占板面积内核选项。

4. 性能优异

Linux 系统内核精简、高效和稳定，能够充分发挥硬件的功能，因此它比其他操作系统的运行效率更高。在个人计算机上使用 Linux 时，可以将它作为工作站。它也非常适合在嵌入式领域中应用，对比其他操作系统，它占用的资源更少，运行更稳定，速度更快。

5. 良好的网络支持

Linux 是首先实现 TCP/IP 协议栈的操作系统，它的内核结构在网络方面是非常完整的，并提供了对包括 10 吉比特、100 吉比特及 1 000 吉比特的以太网，还有无线网络、Token Ring（令牌环）和光纤甚至卫星的支持。

这对现在依赖于网络的嵌入式设备来说无疑是很好的选择。

1.4.3 Linux 发行版本

由于 Linux 属于 GNU 系统，而这个系统采用 GPL 协议，并保证了源代码的公开，于是众多组织或公司在 Linux 内核源代码的基础上进行了一些必要的修改加工，然后再开发一些配套的软件，并把它整合成一个自己的 Linux 发布版（Distribution）。除去非商业组织 Debian 开发的 Debian GNU/Linux 外，美国的 Red Hat 公司发行了 Red Hat Linux，法国的 Mandrake 公司发行了 Mandrake Linux，德国的 SUSE 公司发行了 SUSE Linux。国内众多公司也发行了中文版的 Linux，如著名的红旗 Linux。Linux 目前已经有超过 250 个发行版本。

下面是一些常见的 UNIX/类 UNIX 版本，如图 1-5 所示。

Solaris；

IBM AIX；

Red Hat；

Fedora Core；

SUSE；

Debian；

Ubuntu；

FreeBSD；

OpenBSD；

NetBSD；

Yellow Dog Linux；

Slackware；

Red Flag；

Blue Point。

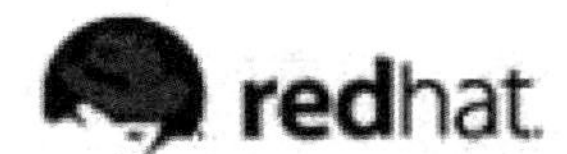

图 1-5　Linux 发行版

下面仅对 Red Hat、Debian、Ubuntu 等有代表性的 Linux 发行版本进行介绍。

1. Red Hat

全世界的 Linux 用户最熟悉的发行版想必就是 Red Hat 了。Red Hat 最早是由 Bob Young 和 Marc Ewing 在 1995 年创建的。目前 Red Hat 分为两个系列：由 Red Hat 公司提供收费技术支持和更新的 Red Hat Enterprise Linux（RHEL，Red Hat 的企业版），以及由社区开发的免费桌面版 Fedora Core。

Red Hat 企业版有 3 个版本——AS、ES、WS。AS 是其中功能最为强大和完善的版本。而正统的桌面版 Red Hat 版本更新早已停止，最后一版是

Red Hat 9.0。

2. Debian

之所以把 Debian 单独列出，是因为 Debian GNU/Linux 是一个非常特殊的版本。在 1993 年，伊恩·默多克（Ian Murdock）发起 Debian 计划，它的开发模式和 Linux 及其他开放性源代码操作系统的模式一样，都是由超过 800 位志愿者通过互联网合作开发而成的。一直以来，Debian GNU/Linux 被认为是最正宗的 Linux 发行版本，而且它是一个完全免费的、高质量的且与 UNIX 兼容的操作系统。

Debian 系统分为 3 个版本，分别为稳定版（Stable）、测试版（Testing）和不稳定版（Unstable）。并且每次发布的版本都是稳定版，而测试版在经过一段时间的测试证明没有问题后会成为新的稳定版。Debian 拥有超过 8 710 种不同的软件，而且每一种软件都是自由的，并且有非常方便的升级安装指令，基本囊括了用户的需要。Debian 也是最受欢迎的嵌入式 Linux 之一。

3. Ubuntu

Ubuntu（中文名：乌班图）是一个以桌面应用为主的 Linux 操作系统，其名称来自非洲南部祖鲁语或豪萨语的“ubuntu”一词，意思是“人性”“我的存在是因为大家的存在”，是非洲传统的一种价值观，类似华人社会的“仁爱”思想。Ubuntu 基于 Debian 发行版和 GNOME 桌面环境，与 Debian 的不同在于它每 6 个月会发布一个新版本。Ubuntu 的目标在于为一般用户提供一个最新的，同时又相当稳定的主要由自由软件构建而成的操作系统。Ubuntu 具有庞大的社区力量，用户可以方便地从社区获得帮助。

1.5 Linux 系统安装

1.5.1 文件系统和硬盘分区的概念

文件系统是指操作系统中与文件管理有关的软件和数据。Linux 的文件系统和 Windows 中的文件系统有很大的区别，Windows 文件系统是以驱动器的盘符为基础的，而且每一个目录与相应的分区对应，如“E:\workplace”指此文件在 E 盘这个分区下。而 Linux 恰好相反，其文件系统是一个文件树，且它的所有文件和外部设备（如硬盘、光驱等）都是以文件的形式挂载在这个文件树上的，如“\usr\local”。按照 Windows 理解，就是指所有分区都是在一些目录下。总之，在 Windows 下，目录结构属于分区；Linux 下，分区属于目录结构。其关系如图 1-6 和图 1-7 所示。

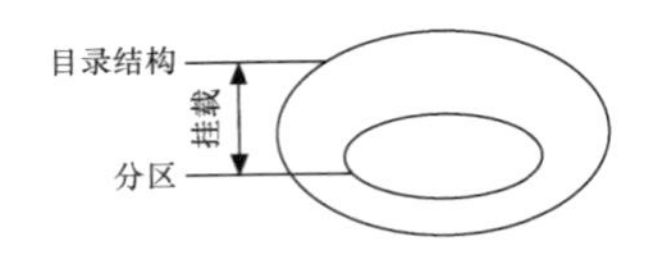

图 1-6 Linux 下目录与分区关系

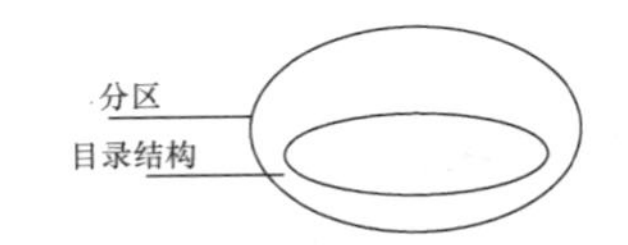

图 1-7 Windows 下目录与分区关系

因此，在 Linux 中把每一个分区和某一个目录对应，以后在对这个目录的操作就是对这个分区的操作，这样就实现了硬件管理手段和软件目录管理手段的统一。这个分区和目录对应的过程称为挂载（Mount），而这个在文件树中挂载的目录位置就是挂载点。这种对应关系可以由用户随时中断和改变。

1. 主分区、扩展分区和逻辑分区

硬盘分区是针对一个硬盘进行操作的，它可以分为主分区、扩展分区、逻辑分区。其中，主分区就是包含操作系统启动所必需的文件和数据的硬盘分区，要在硬盘上安装操作系统，则该硬盘必须要有一个主分区，而且其主分区的数量可以是 1～3 个；扩展分区也就是除主分区外的分区，但它不能直接使用，必须再将它划分为若干个逻辑分区，其数量可以有 0 或 1 个；而逻辑分区则在数量上没有什么限制。它们的关系如图 1-8 所示。

一般而言，对于先装了 Windows 的用户，Windows 的 C 盘是装在主分区上的，可以把 Linux 安装在另一个主分区或者扩展分区上。通常为了安装方便、安全起见，一般采用把 Linux 装在多余的逻辑分区上，如图 1-9 所示。

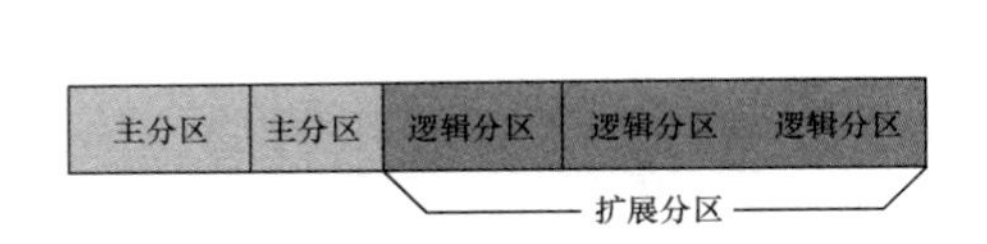

图 1-8 Linux 下主分区、扩展分区、逻辑分区示意图

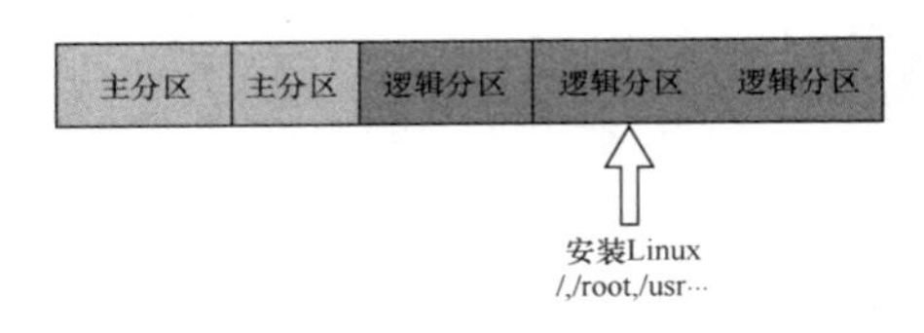

图 1-9 Linux 安装的分区示意图

2. swap 交换分区

在硬件条件有限的情况下，为了运行大型的程序，Linux 可在硬盘上划出一个区域来当作临时的内存。一般 Windows 操作系统把这个区域称为虚拟内存，而 Linux 把它称为交换分区（Swap）。在安装 Linux 建立交换分区时，一般将其设为内存大小的 2 倍，当然也可以设为更大。

3. 分区格式

不同的操作系统选择了不同的格式，同一种操作系统也可能支持多种格式。微软公司的 Windows 就选择了 FAT32、NTFS 两种格式，但是 Windows 不支持 Linux 上常见的分区格式。Linux 是一个开放的操作系统，它最初使用 ext2 格式，后来使用 ext3 格式（最新的 Linux 文件系统是 ext4），但是它同时支持非常多的分区格式，包括很多大型机上 UNIX 使用的 XFS 格式，也包括微软公司的 FAT 和 NTFS 格式。

4. GRUB

GRUB 是一种引导装入器（类似在嵌入式中非常重要的 Boot Loader）——它负责装入内核并引导 Linux 系统，位于硬盘的起始部分。由于 GRUB 多方面的优越性，如今的 Linux 一般都默认采用 GRUB 来引导 Linux 操作系统。但事实上它还可以引导 Windows 等多种操作系统。

5. root 权限

Linux 也是一个多用户的系统（在这一点上类似 Windows），不同的用户和用户组会有不同的权限，其中把具有超级权限的用户称为 root 用户。root 的默认主目录在“/root”下，而其他普通用户的目录则在“/home”下。root 的权限极高，它甚至可以修改 Linux 的内核，因此建议初学者要慎用 root 权限，不然一个小小的参数设置错误很有可能导致严重的系统问题。

1.5.2 安装准备

我们准备在 Windows 上装一个虚拟机软件，然后在虚拟机软件上来安装 Linux 系统。

这里先说一下虚拟机的概念。

虚拟机（Virtual Machine）指通过软件模拟的具有完整硬件系统功能的、运行在一个完全隔离环境中的完整计算机系统。

目前流行的虚拟机软件有 VMware（VMware ACE）、VirtualBox 和 Virtual PC，它们都能在 Windows 系统上虚拟出多个计算机。

在这里我们使用的虚拟机是 VMware Workstation 7，Linux 系统是 Ubuntu 10.10，请读者提前将它们下载到自己的本地计算机。

1.5.3 安装过程

1. 虚拟机的安装

（1）双击下载好的 VMware Workstation 软件打开安装程序，如图 1-10 所示。

（2）单击“Next”按钮进行下一步。

（3）进入图 1-11 所示的界面，选择“Typical”选项，单击“Next”按钮。

（4）安装路径我们选择默认的就可以，单击“Next”按钮进行下一步。

（5）图 1-12 所示的是选择 VM 快键图标存放的位置，这里我们选择默认的即可。

（6）单击“Next”按钮，进入安装界面，如图 1-13 所示。

（7）安装完成后，输入序列号。

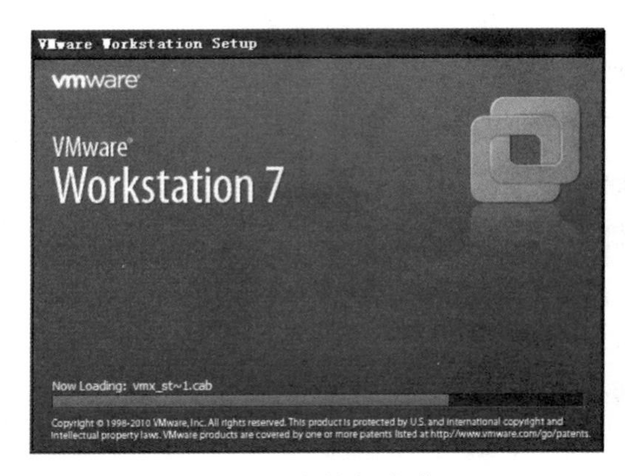

图 1-10　虚拟机安装 1

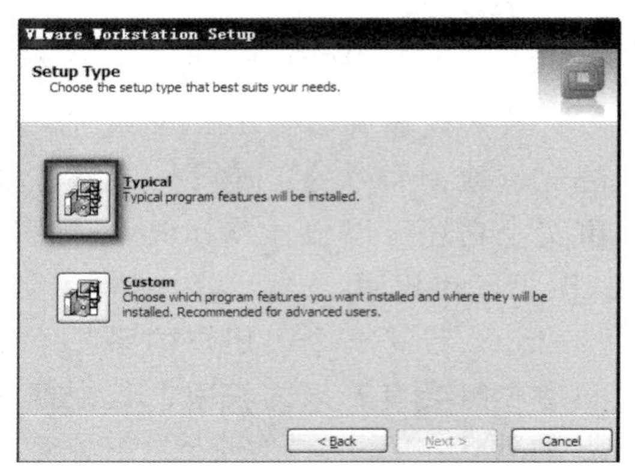

图 1-11　虚拟机安装 2

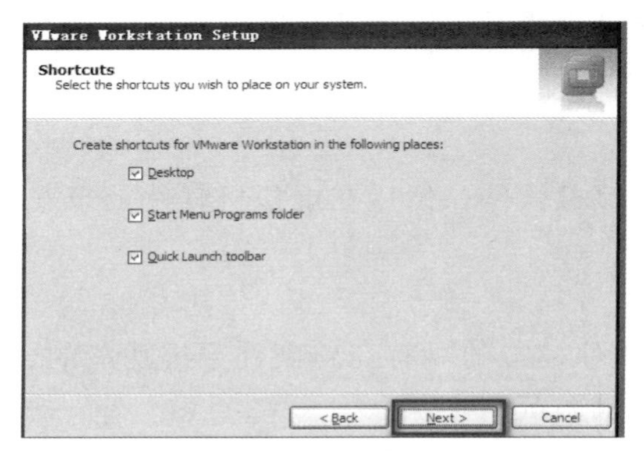

图 1-12　虚拟机安装 3

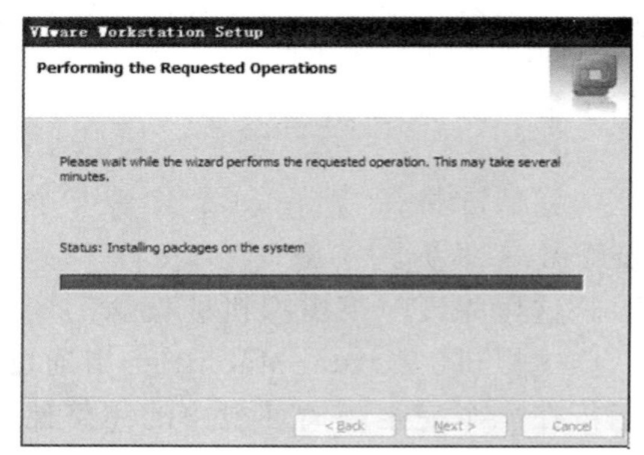

图 1-13　虚拟机安装 4

（8）重新启动计算机。

（9）重新启动计算机后，单击桌面上的 VMware Workstation 快捷方式，则出现图 1-14 所示的画面，选择“Yes,Iaccept the terms in the license agreement”选项，单击“OK”按钮。

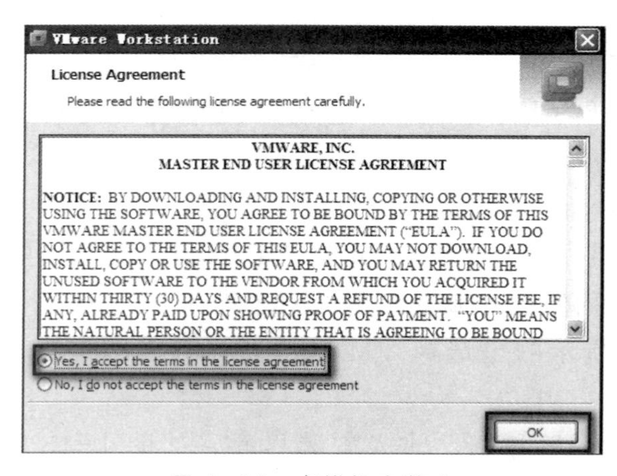

图 1-14　虚拟机安装 5

（10）到这里我们的虚拟机软件就已经安装好了，其工作界面如图 1-15 所示。

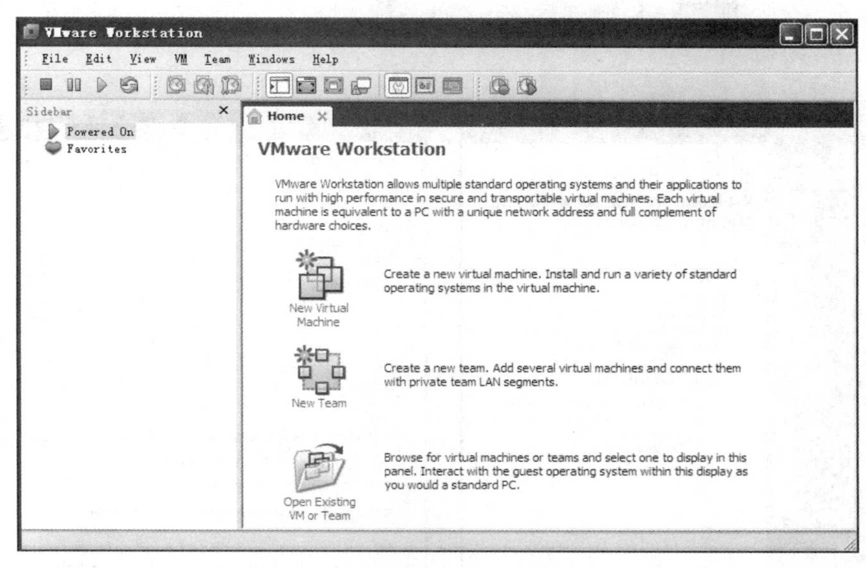

图 1-15　虚拟机工作界面

2. 创建虚拟机

（1）启动 VMware Workstation 软件，单击“New Virtual Machine”，如图 1-16 所示。

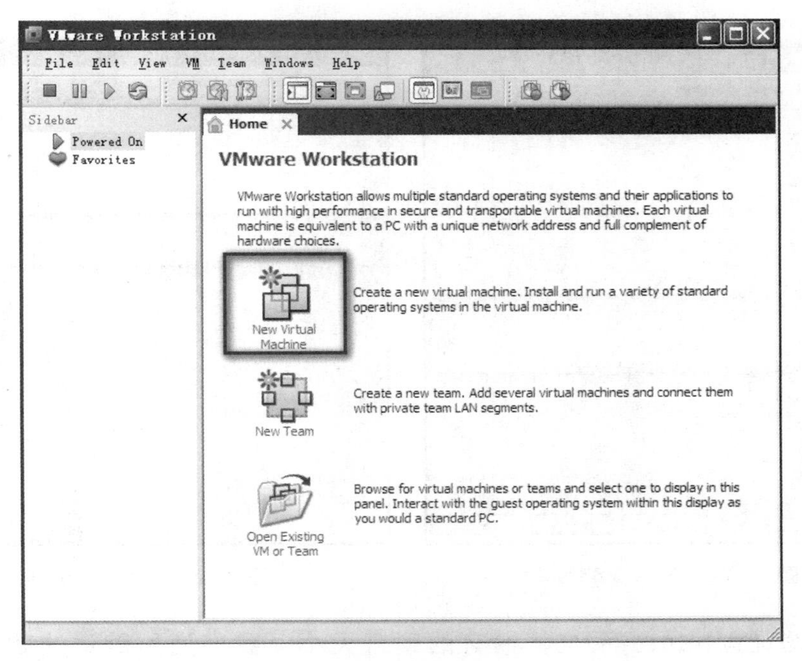

图 1-16　创建虚拟机

（2）进入图 1-17 所示的安装方式选择画面，选择“Typical（recommended）”安装，单击“Next”按钮。

（3）选择从哪里安装操作系统，如图 1-18 所示。这里选择第三项，单击“Next”按钮。

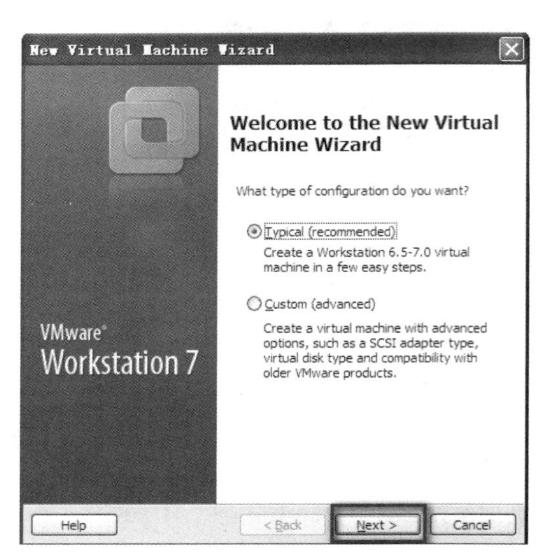

图 1-17　典型安装

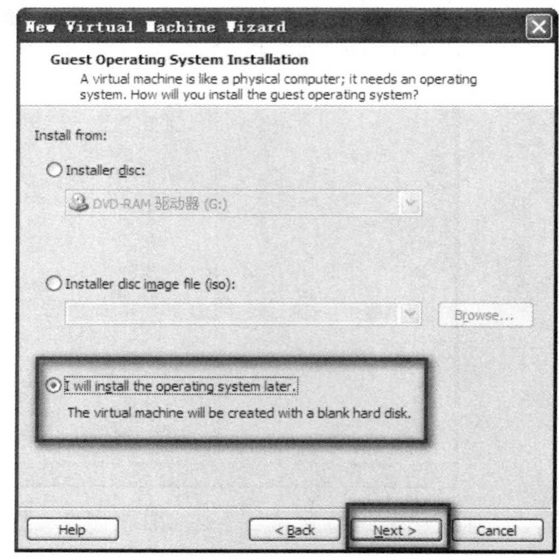

图 1-18　选择安装方式

（4）选择 Linux，版本 Ubuntu，如图 1-19 所示。

（5）图 1-20 所示为读者可以自己指定 Ubuntu 系统最终安装的路径。

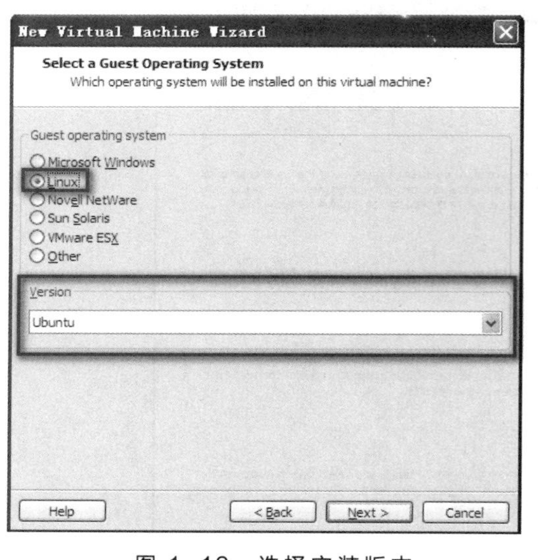

图 1-19　选择安装版本

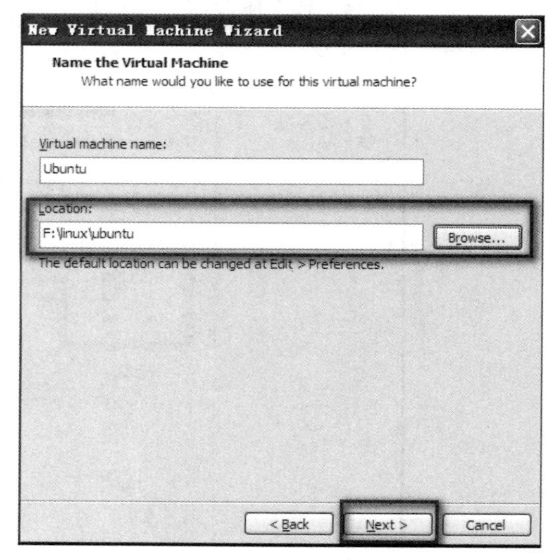

图 1-20　指定安装路径

（6）设置 Ubuntu 系统将拥有的硬盘大小，我们使用默认的就可以，如图 1-21 所示。读者可以根据主机硬盘的实际情况，调整其大小。

（7）单击“Finish”按钮完成安装，如图 1-22 所示。

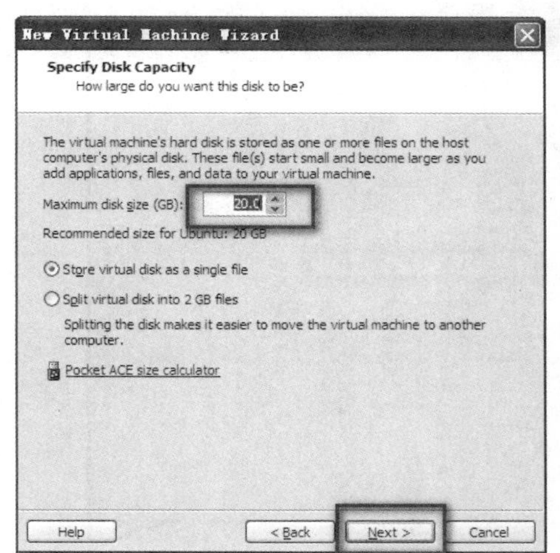

图 1-21　安装硬盘大小

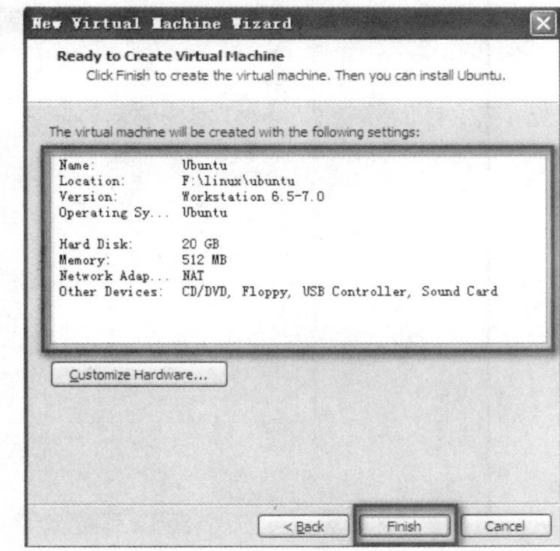

图 1-22　完成安装

（8）到这里我们的虚拟机就已经创建好了，如图 1-23 所示。

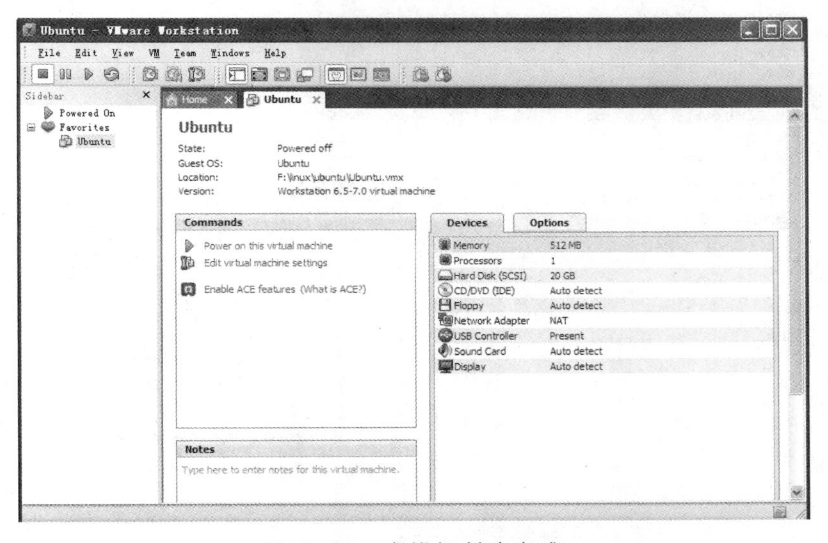

图 1-23　虚拟机创建完成

注意，此时只是创建了虚拟机，还没有安装操作系统。下面就开始在这个虚拟机上安装 Ubuntu 系统。

3. 安装 Ubuntu 系统

（1）双击图 1-24 所示的用线框起来的地方。

（2）选择“Use ISO image file”选项，单击“Browse”按钮，找到下载好的 Ubuntu 系统 ISO 镜像文件,然后单击“OK”按钮进行下一步，如图 1-25 所示。

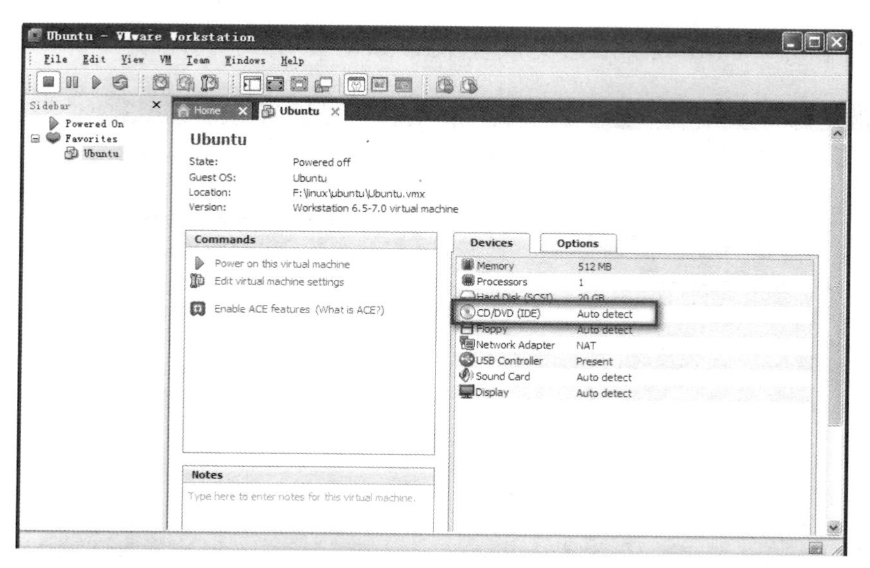

图 1-24　安装操作系统

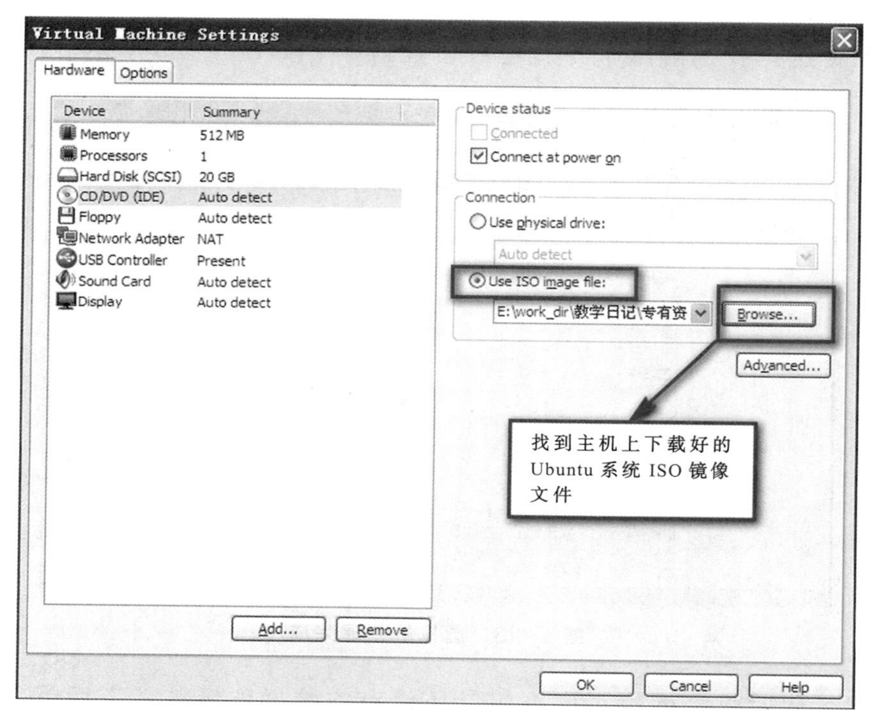

图 1-25　安装镜像

（3）单击小三角形按钮开始安装，如图 1-26 所示。

（4）等待一两分钟就会出现图 1-27 所示的界面，选择英文安装。

（5）单击“Install Ubuntu”按钮进入下一步。

（6）在图 1-28 中可选择对磁盘进行分区。第一个是自动分区，第二个是手动分区，在这里我们选择手动分区。

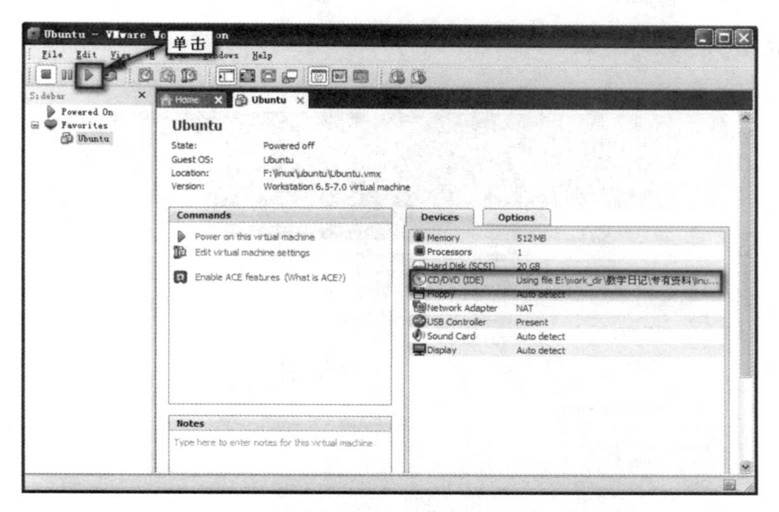

图 1-26 单击安装

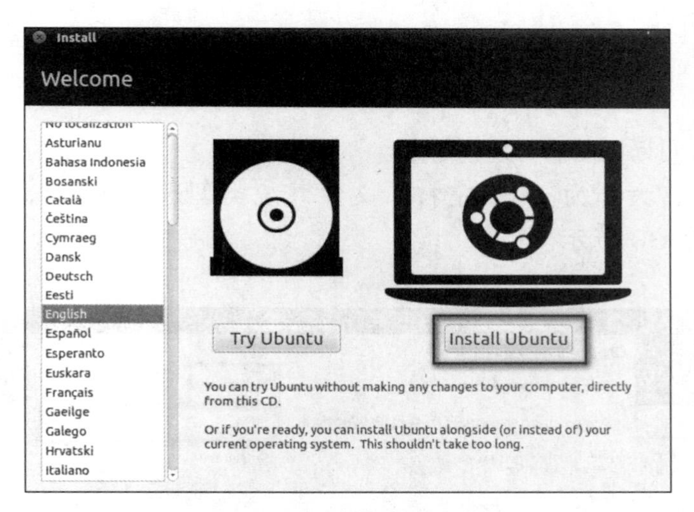

图 1-27 选择英文安装

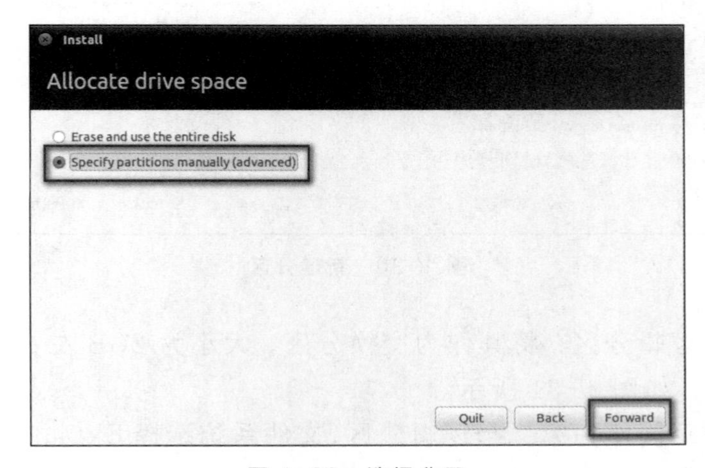

图 1-28 选择分区

（7）新建分区表，如图 1-29 所示。

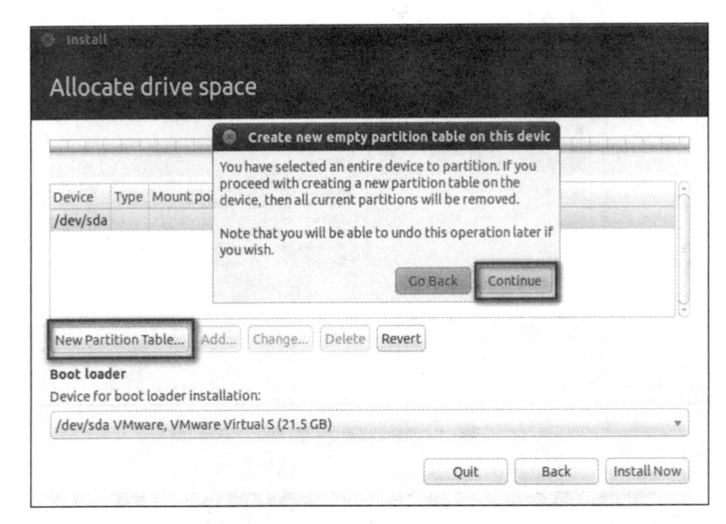

图 1-29　新建分区表

在这里我们新建以下 3 个分区。

①主分区，大小为 5GB 左右，文件系统类型选择 Ext4，挂载到根目录（"/"），如图 1-30 所示。

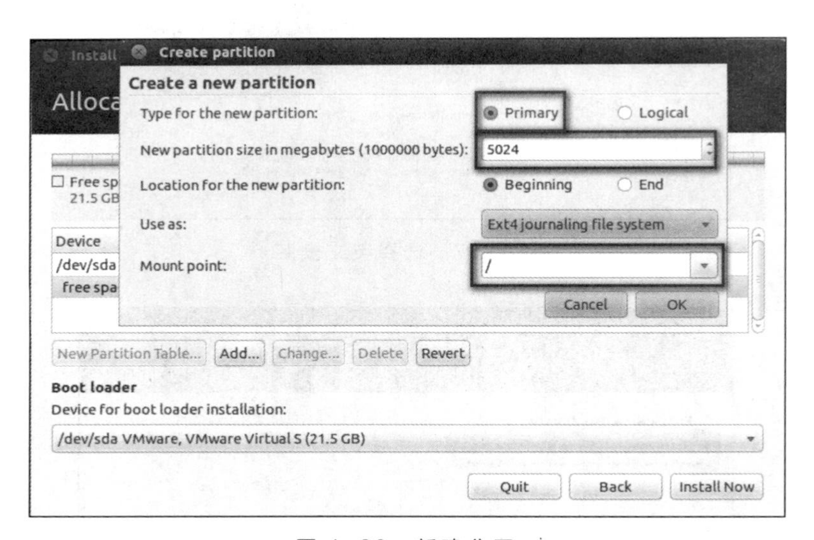

图 1-30　新建分区

②第一个逻辑分区，将其作为交换分区，大小为 2GB 左右，文件系统选择 swap area，如图 1-31 所示。

③剩下的空间作为第二个逻辑分区，文件系统选择 Ext4，挂载到 /home，如图 1-32 所示。

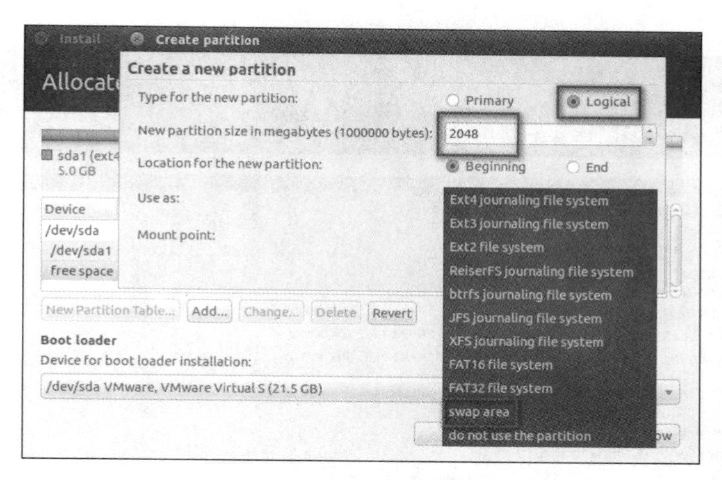

图 1-31　设置交换分区

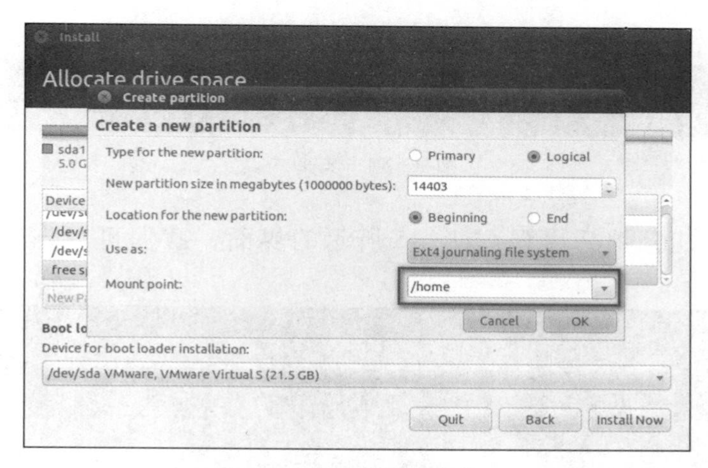

图 1-32　设置挂载点

（8）分区完成后如图 1-33 所示，单击“Install Now”按钮开始安装，如图 1-34 所示。

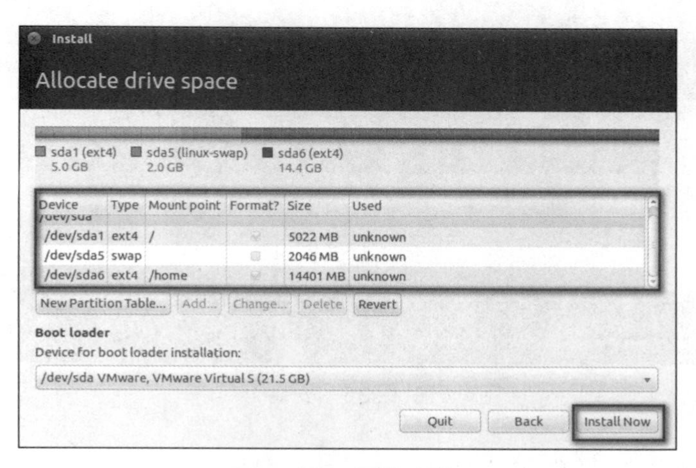

图 1-33　开始安装

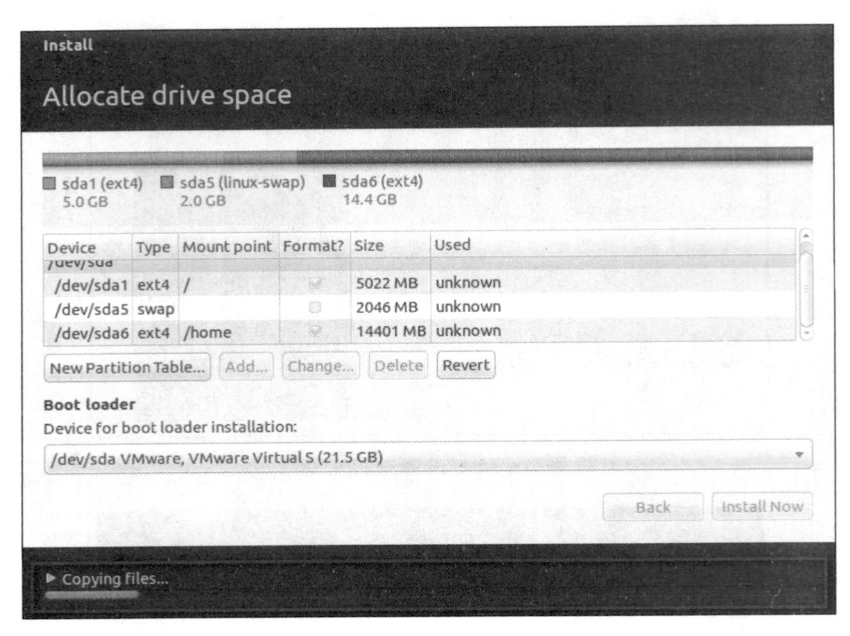

图 1-34　安装中

（9）等待几分钟后出现图 1-35 所示的界面，我们可以先做一些设置。

图 1-35　安装

（10）键盘的布局我们选择 USA，如图 1-36 所示。

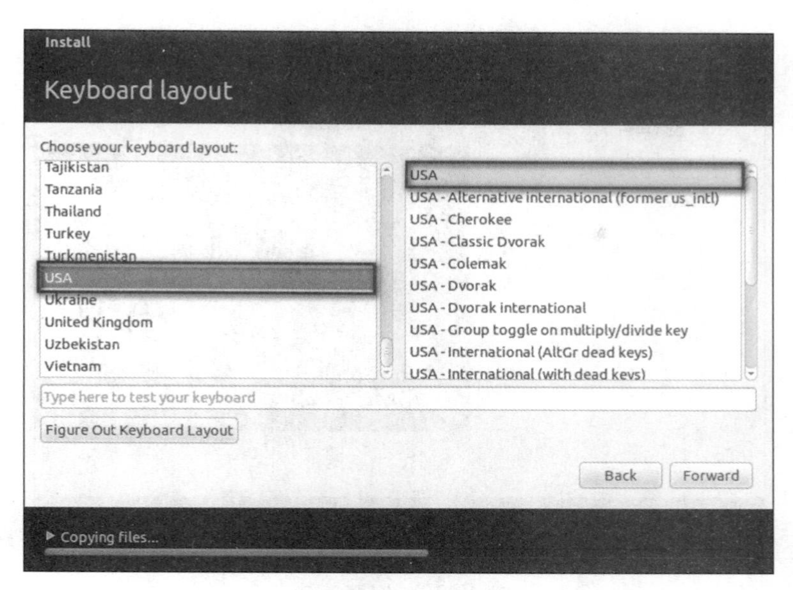

图 1-36　键盘布局

（11）设置一下登录的用户名、机器名和密码，如图 1-37 所示。

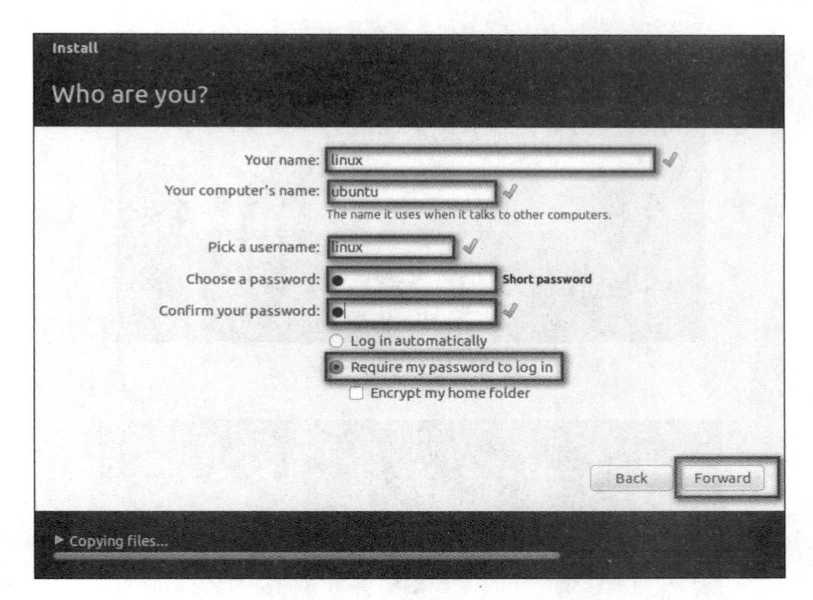

图 1-37　设置用户信息

（12）现在我们就耐心地等待吧，Ubuntu 将自动完成安装过程，如图 1-38 所示。

（13）经过漫长的等待后，出现图 1-39 所示的界面，单击 “Restart Now” 按钮。这里需要注意，单击重启以后，会出现一个字符界面，此时需要将光标放在虚拟机里面，然后按下【Enter】键。

（14）输入用户名和密码，如图 1-40 所示。

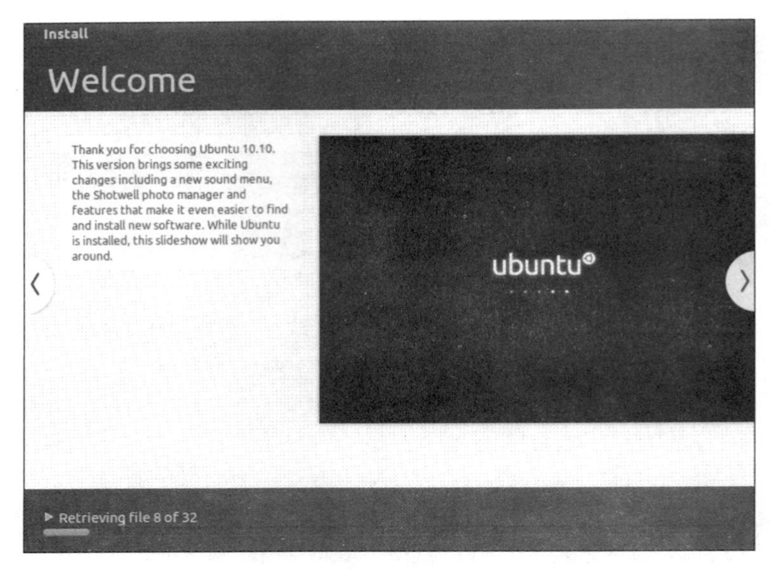

图 1-38　安装完成

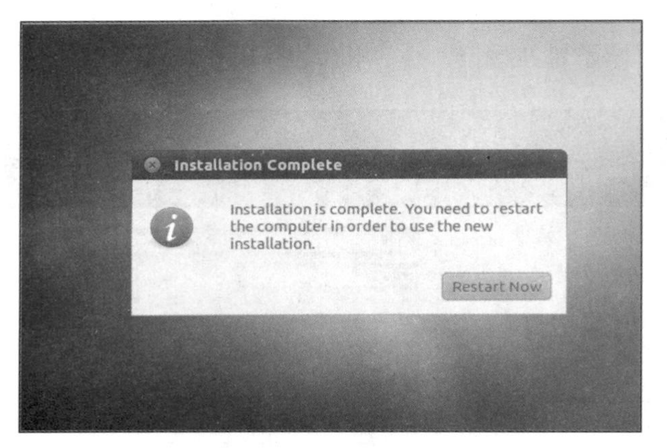

图 1-39　单击重启

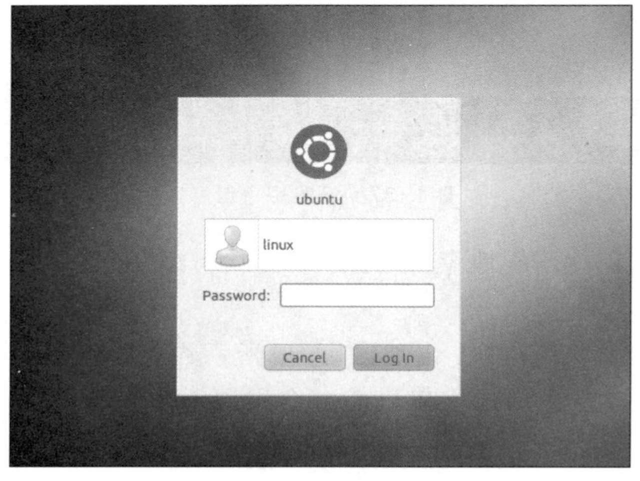

图 1-40　用户登录

（15）现在就可以打开 Ubuntu 下的终端，敲下传说中的“ls”命令了，如图 1-41 和图 1-42 所示。

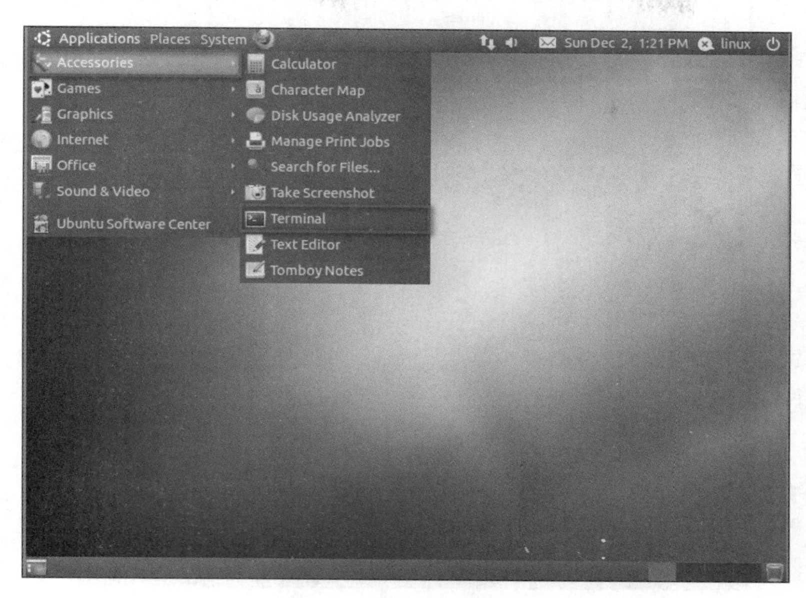

图 1-41　开启终端

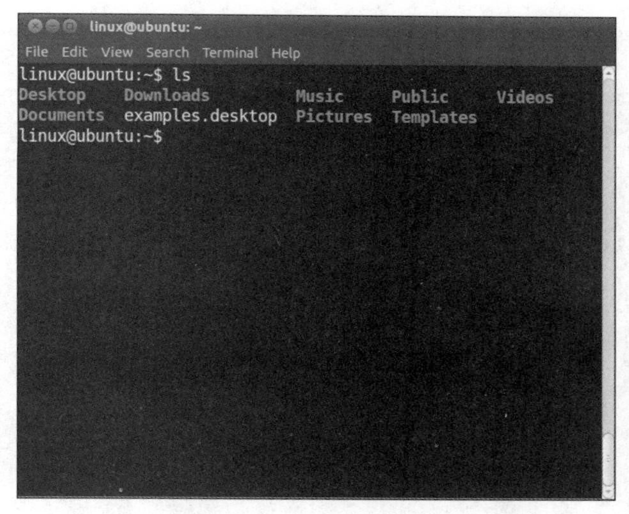

图 1-42　查看家目录

1.6　安装虚拟机工具

虚拟机工具安装

（1）从 VMware Workstation 的菜单栏中找到 VM 选项，在弹出的列表中找到“Install VMware Tools”，然后单击，如图 1-43

所示。

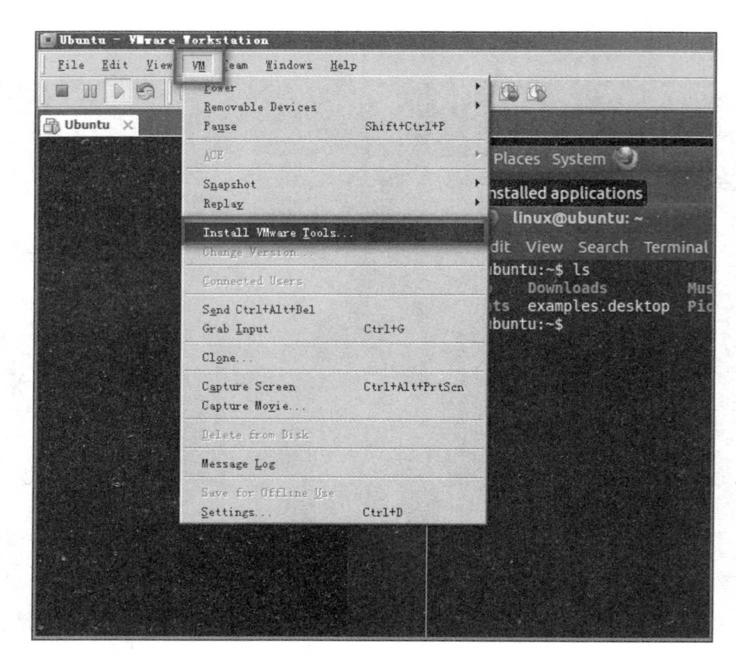

图 1-43　安装 VM 工具

（2）等待一段时间，Ubuntu 桌面上会出现一个光盘图标，如图 1-44 所示。

图 1-44　下载 VM 工具

（3）双击桌面的 DVD 图标，打开该光盘，在这里我们就可以看到虚拟机工具的压缩包，如图 1-45 所示。

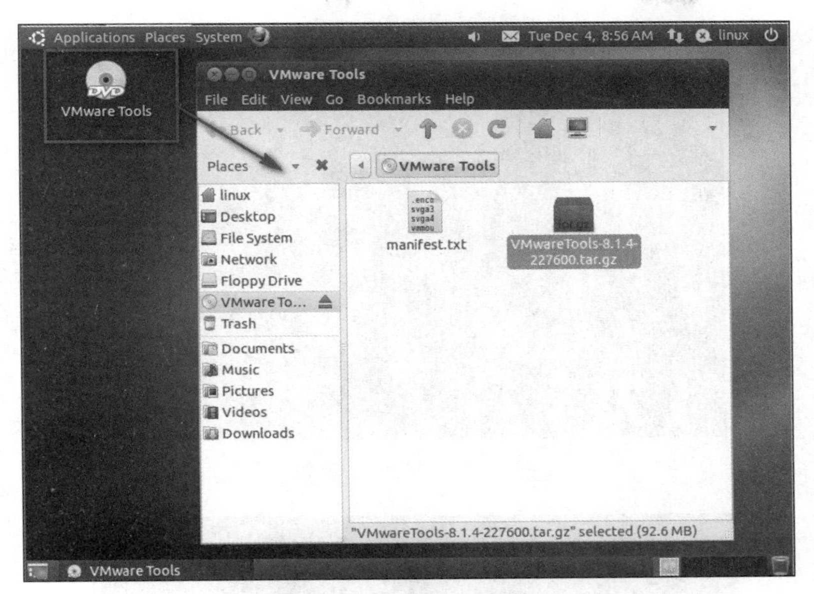

图 1-45　VM 工具安装包

（4）右键单击虚拟机工具的压缩包，选择“Copy to”→“Home Folder”，将其复制到用户主目录（/home/用户名），如图 1-46 所示。

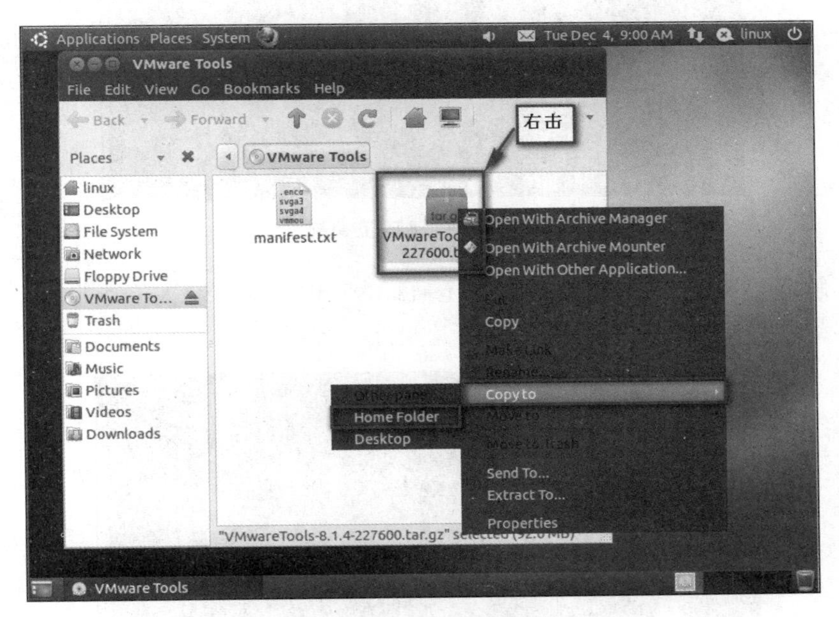

图 1-46　拷贝到家目录

（5）打开终端，输入 ls，就会看到其中已经有了虚拟机工具的压缩包，如图 1-47 所示。

（6）输入以下命令，解开虚拟机工具的压缩包（见图 1-48）：

```
tar -zxvf VMwareTools-8.1.4-227600.tar.gz
```

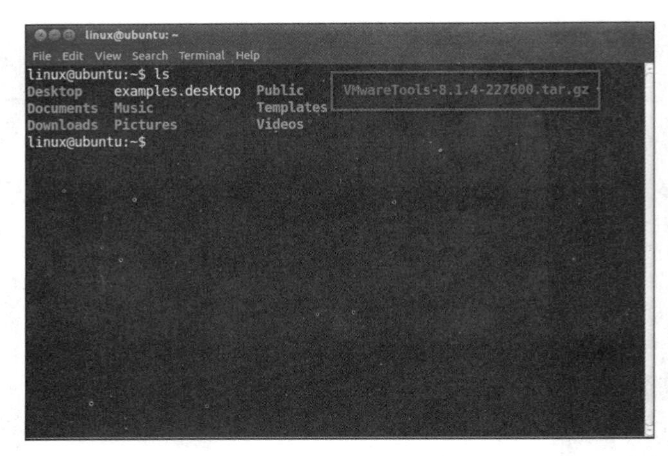

图 1-47　查看工具包

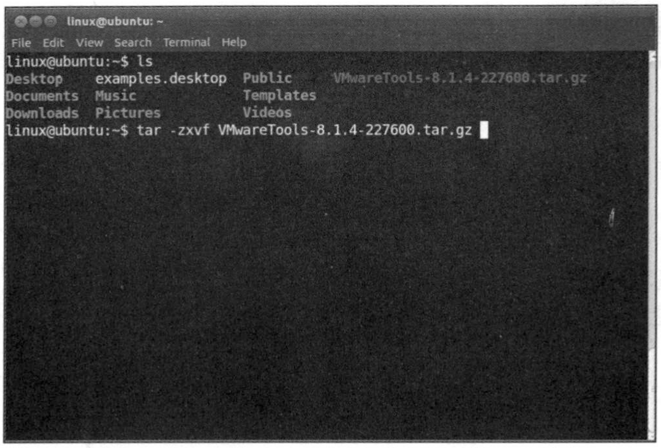

```
linux@ubuntu: ~
File Edit View Search Terminal Help
linux@ubuntu:~$ ls
Desktop    examples.desktop  Public    VMwareTools-8.1.4-227600.tar.gz
Documents  Music             Templates
Downloads  Pictures          Videos
linux@ubuntu:~$ tar -zxvf VMwareTools-8.1.4-227600.tar.gz
```

图 1-48　解压工具包

（7）解压缩完成后，进入 vmware-tools-distrib，输入命令（见图 1-49）：

```
cd vmware-tools-distrib
```

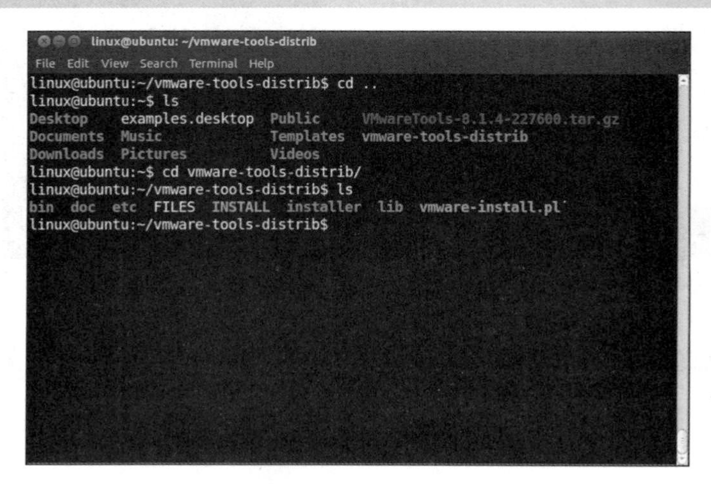

图 1-49　进入源码包

（8）执行 vmware-install.pl 文件，输入命令（见图 1-50）：

```
./vmware-install.pl
```

```
linux@ubuntu: ~/vmware-tools-distrib
File Edit View Search Terminal Help
linux@ubuntu:~/vmware-tools-distrib$ cd ..
linux@ubuntu:~$ ls
Desktop    examples.desktop  Public     VMwareTools-8.1.4-227600.tar.gz
Documents  Music             Templates  vmware-tools-distrib
Downloads  Pictures          Videos
linux@ubuntu:~$ cd vmware-tools-distrib/
linux@ubuntu:~/vmware-tools-distrib$ ls
bin  doc  etc  FILES  INSTALL  installer  lib  vmware-install.pl
linux@ubuntu:~/vmware-tools-distrib$ ./vmware-install.pl
```

图 1-50　执行脚本

（9）在执行 vmware-install.pl 文件的过程中，我们会遇到许多确认信息，直接输入回车，使用默认的选择就可以，如图 1-51 所示。

```
linux@ubuntu: ~/vmware-tools-distrib
File Edit View Search Terminal Help
linux@ubuntu:~/vmware-tools-distrib$ ls
bin  doc  etc  FILES  INSTALL  installer  lib  vmware-install.pl
linux@ubuntu:~/vmware-tools-distrib$ sudo ./vmware-install.pl
[sudo] password for linux:
Creating a new VMware Tools installer database using the tar4 format.

Installing VMware Tools.

In which directory do you want to install the binary files?
[/usr/bin]
```

图 1-51　安装工具成功

（10）安装完之后，重新启动一下虚拟机，这样虚拟机工具就安装好了。之后，我们就可以对 Windows 和 Linux 设置一个共享目录。继续看图操作（见图 1-52～图 1-56）。

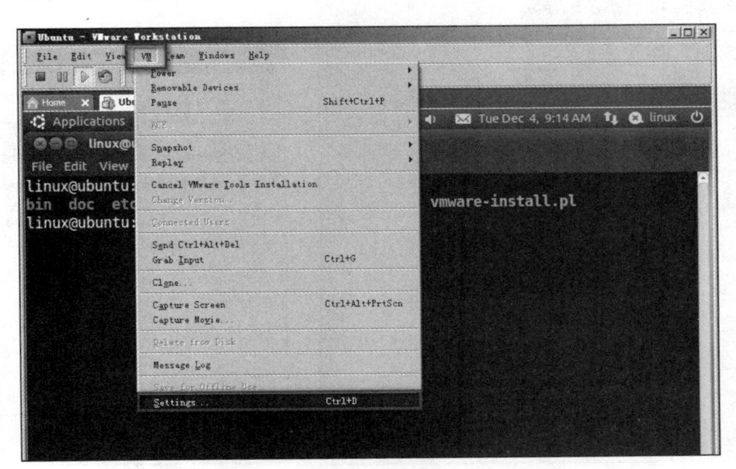

图 1-52　设置共享文件夹

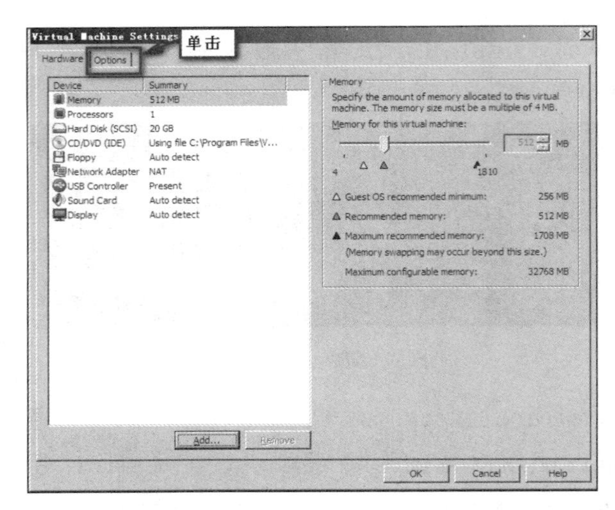

图 1-53　设置共享文件夹

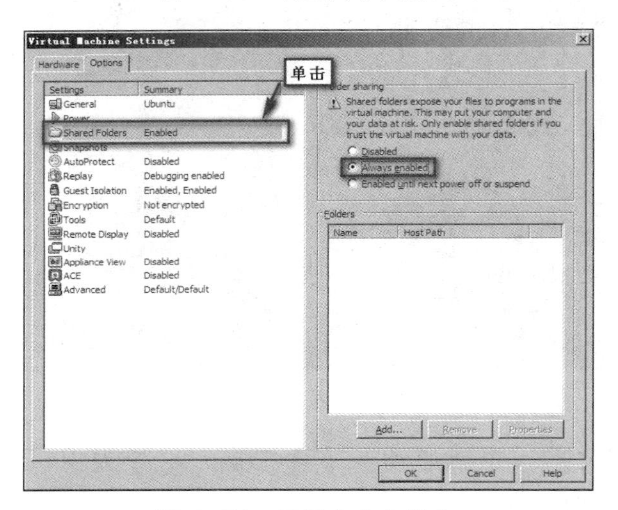

图 1-54　设置共享文件夹

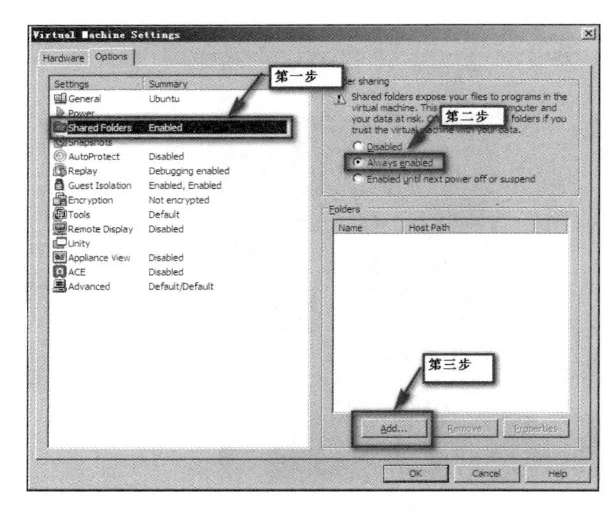

图 1-55　设置共享文件夹

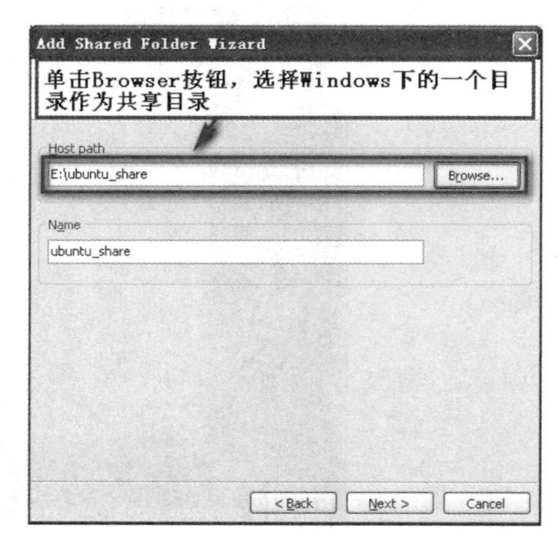

图 1-56　设置共享文件夹

（11）设置好共享目录以后，打开终端输入以下命令，就可以在 Linux 上看到 Windows 所共享的目录（见图 1-57）：

```
A. cd /mnt/hgfs/
B. ls
```

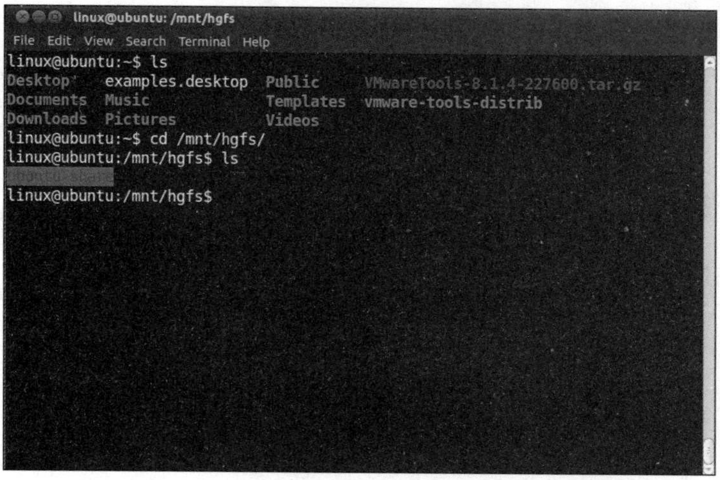

```
linux@ubuntu: /mnt/hgfs
File  Edit  View  Search  Terminal  Help
linux@ubuntu:~$ ls
Desktop    examples.desktop  Public     VMwareTools-8.1.4-227600.tar.gz
Documents  Music             Templates  vmware-tools-distrib
Downloads  Pictures          Videos
linux@ubuntu:~$ cd /mnt/hgfs/
linux@ubuntu:/mnt/hgfs$ ls
[illegible]
linux@ubuntu:/mnt/hgfs$
```

图 1-57　设置共享文件目录完成

1.7　配置 vim 编辑环境

Ubuntu 系统装好之后，vi 编辑工具默认情况下特别不好使，需要配置一下它。找到光盘里面的 vimconfig 文件夹，将里面的 vim 配置文件复制到 Ubuntu 下，然后按照 ReadMe 的提示进行配置即可。

思考与练习

1. 什么是操作系统？
2. 什么是嵌入式系统？嵌入式系统与通用 PC 系统有哪些不同？
3. 说出你知道的几种操作系统。
4. 练习安装 Linux，并明确分区的规划。
5. 什么是交换分区？

PART02

第2章

Linux操作系统的使用

■ Linux 是一个高可靠、高性能的系统，而所有这些优越性只有在直接使用 Linux 命令行（Shell 环境）时才能充分地体现出来。本章主要介绍基本 Linux 命令的使用方法。

2.1 认识 Shell

随着各式 Linux 系统的图形化程度的不断提高，用户在桌面环境下，通过点击、拖曳等操作就可以完成大部分的工作。然而，许多 Ubuntu Linux 功能使用 Shell 命令来实现，要比使用图形界面交互完成得更快、更直接。那么，什么是 Shell？在介绍之前，我们先来了解一下 Linux 操作系统的体系结构，如图 2-1 所示。

图 2-1 Linux 操作系统的体系结构

英文单词 Shell 可直译为“贝壳”。“贝壳”是动物作为外在保护的一种工具。

可以这样认为，Linux 中的 Shell 就是 Linux 内核的一个外层保护工具，并负责完成用户与内核之间的交互。

在这里，首先需要明确几个概念：命令、Shell 和 Shell 脚本。

命令是用户向系统内核发出控制请求，与之交互的文本流。

Shell 是一个命令行解释器，将用户命令解析为操作系统所能理解的指令，从而实现用户与操作系统的交互。同时，Shell 为操作系统提供了内核之上的功能，直接用来管理和运行系统。

若需要重复执行若干命令，可以将这些命令集合起来，加入一定的控制语句，编辑成为 Shell 脚本文件，交给 Shell 批量执行。

用户、Shell 和 Linux 操作系统之间的关系，可以用图 2-2 进行表示。

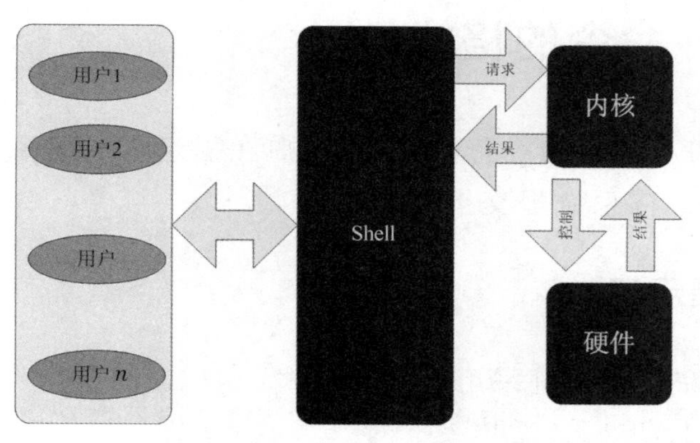

图 2-2 用户、Shell 和 Linux 操作系统三者关系图

首先，用户在命令行提示符下键入命令文本，开始与 Shell 进行交互；接着，Shell 将用户的命令或按键转化成内核所能够理解的指令，操作系统做出响应，直到控制相关硬件设备。最后，Shell 将结果提交给用户。

Linux 支持的 Shell 种类很多，可以主要分为以下几类。

Bourne Shell（简称 sh）：Bourne Shell 由 AT&T 贝尔实验室的 S.R.Bourne 开发，也因开发者的姓名而得名。它是 UNIX 的第一个 Shell 程序，早已成为工业标准。目前几乎所有的 Linux 系统都支持它。不过 Bourne Shell 的作业控制功能薄弱，且不支持别名与历史记录等功能。目前大多操作系统将其作为应急 Shell 使用。

C Shell（简称 csh）：C Shell 由加利福尼亚大学伯克利分校开发。最初开发的目的是改进 Bourne Shell 的一些缺点，并使 Shell 脚本的编程风格类似于 C 语言，因而受到广大 C 程序员的拥护。不过 C Shell 的健壮性不如 Bourne Shell。

Korn Shell(简称 ksh)：Korn Shell 由 David Korn 开发，解决了 Bourne Shell 的用户交互问题，并克服了 C Shell 的脚本编程怪癖的缺点。Korn Shell 的缺点是需要许可证，这导致它应用范围不如 Bourne Shell 广泛。

Bourne Again Shell（简称 bash）：Bourne Again Shell 同样由 AT&T 贝尔实验室开发，是 Bourne Shell 的增强版。随着几年的不断完善，已经成为最流行的 Shell。它包括了早期的 Bourne Shell 和 Korn Shell 的原始功能，以及某些 C Shell 脚本语言的特性。此外，它还具有以下特点：能够提供环境变量以配置用户 Shell 环境，支持历史记录，内置算术功能，支持通配符表达式，将常用命令内置简化。

在 Linux 中运行 Shell 的环境是“系统工具”下的“终端”。用户可以通过单击“应用程序”→“附件”→“终端”来启动 Shell 环境，这时屏幕上出现类似这样的信息“cyg@ubuntu:~$”。

2.2 Shell 命令的格式

Shell 提示符标识了命令行的开始。用户在提示符后面输入一条命令并按【Enter】键，完成向系统提交指令。

2.2.1 命令提示符

通常 Shell 命令提示符采用以下的格式。

```
username@hostname:direction$
用户名      主机名   目录名
```

username：用户名，显示当前登录用户的账户名。

hostname：主机名，例如远程登录后，则显示登录的主机名。

direction：目录名，显示当前所处的路径，当在根目录下显示为“/”，当在用户主目录下显示为“～”。例如当前 Shell 提示符为“wdl@UbuntuFisher:～

/Examples$”，则用户名为“wdl”，主机名为“UbuntuFisher”，目录名为“~/Examples”，即用户主目录下的/Examples目录。

2.2.2 命令格式

通常一条命令包含3个要素：命令名称、选项、参数。命令名称是必须的，选项和参数都可能是可选项。命令格式如下所示。

```
$ Command [-Options] Argument1 Argument2...
     指令       选项       参数1        参数2...
```

“$”是Shell提示符，如果当前用户为超级用户，提示符为“#”，其他用户的提示符均为“$”。

Command：命令名称，Shell命令或程序，严格区分大小写，例如设置日期指令为date等。

Options：命令选项，用于改变命令所执行动作的类型，由“-”引导；一条命令可以同时带有多个选项。

Argument：命令参数，指出命令作用的对象或目标，有的命令允许带多个参数。

注意：

一条命令的三要素之间用空格隔开；

若将多个命令在一行书写，用分号（;）将各命令隔开；

如果一条命令不能在一行写完，在行尾使用反斜杠(\)标明该条命令未结束。

2.3 Linux命令

由于Linux中的命令非常多，要全部介绍几乎不可能。因此，本书将按照命令的用途进行分类介绍，对每一类中最常用的命令详细讲解，同时列出同一类中的其他命令。由于同一类命令有很大的相似性，因此，读者通过学习本书所列命令，也可以很快地掌握其他命令。

2.3.1 用户系统相关命令

由于Linux是一个多用户的操作系统，每个用户又可以属于不同的用户组，下面首先来熟悉一下Linux中与用户切换和用户管理相关的命令。

1. 用户切换命令（su）

（1）作用。

变更为其他使用者的身份，主要用于将普通用户身份转变为超级用户，需输入相应用户密码。

（2）格式。

su [选项] [使用者]

其中的使用者为要变更的对应用户身份。

（3）常见参数。

主要选项参数如表 2-1 所示。

表 2-1　su 命令常见参数列表

选项	参数含义
-，-l，--login	为该使用者重新登录，大部分环境变量（如 HOME、SHELL 和 USER 等）和工作目录都是以该使用者（USER）为主。若没有指定 USER，默认情况是 root
-m，-p	执行 su 时不改变环境变量
-c，--command	变更账号为 USER 的使用者，并执行指令（Command）后再变回原来使用者身份

（4）使用示例。

```
[linuron@WWW Linux]$ su - root
Password:
[root@WWW root]#
```

示例通过 su 命令将普通用户变更为 root 用户，并使用了选项“-”以示携带 root 环境变量。

（5）使用说明。

① 在将普通用户变更为 root 用户时建议使用“-”选项，这样可以将 root 的环境变量和工作目录同时带入，否则在以后的使用中可能会由于环境变量的原因而出错。

② 在转变为 root 权限后，提示符变为“#”。

2. 系统管理命令（ps 和 kill）

ps 与 kill 指令

Linux 中常见的系统管理命令如表 2-2 所示，本书以 ps 和 kill 为例进行讲解。

表 2-2　Linux 常见系统管理命令

命令	命令含义	格式
ps	显示当前系统中由该用户运行的进程列表	ps [选项]
top	动态显示系统中运行的程序（一般为每隔 5s 刷新一次）	top

续表

命令	命令含义	格式
kill	输出特定的信号给指定 PID（进程号）的进程	kill [选项]进程号(PID)
shutdown	关闭或重启 Linux 系统	shutdown [选项] [时间]
uptime	显示系统已经运行了多长时间	uptime
clear	清除屏幕上的信息	clear

（1）作用。

① ps：显示当前系统中由该用户运行的进程的列表。

② kill：输出特定的信号给指定 PID（进程号）的进程，并根据该信号完成指定的行为。其中可能的信号有进程挂起、进程等待、进程终止等。

（2）格式。

① ps：ps [选项]

② kill：kill [选项]进程号（PID）

kill 命令中的进程号为信号输出的指定进程的进程号，当选项是默认时为输出终止信号给该进程。

（3）常见参数。

① ps 主要选项参数如表 2-3 所示。

表 2-3　ps 命令常见参数列表

选项	参数含义
-ef	查看所有进程及其 PID（进程号）、系统时间、命令详细目录、执行者等
aux	除可显示-ef 所有内容外，还可显示 CPU 及内存占用率、进程状态
-w	加宽以显示较多的信息

② kill 主要选项参数如表 2-4 所示。

表 2-4　kill 命令常见参数列表

选项	参数含义
-s	根据指定信号发送给进程
-p	打印出进程号（PID），但并不送出信号
-l	列出所有可用的信号名称

（4）使用示例。

```
[root@www root]# ps - ef
UID          PID   PPID   C STIME TTY           TIME CMD
root           1      0   0  2005 ?         00:00:05 init
```

```
root          2       1  0   2005 ?          00:00:00 [keventd]
root          3       0  0   2005 ?          00:00:00 [ksoftirqd_CPU0]
root          4       0  0   2005 ?          00:00:00 [ksoftirqd_CPU1]
root       7421       1  0   2005 ?          00:00:00 /usr/local/bin/ntpd -c /etc/ntp.
root      21787 21739  0 17:16 pts/1          00:00:00 grep ntp
[root@www root]# kill 7421
[root@www root]# ps -ef|grep ntp
root      21789 21739  0 17:16 pts/1      00:00:00 grep ntp
```

该示例中首先查看所有进程，并终止进程号为 7421 的 ntp 进程，之后再次查看时已经没有该进程号的进程。

（5）使用说明。

① ps 通常可以与其他一些命令结合起来使用，主要作用是提高效率。

② ps 选项中的参数 w 可以写多次，通常最多写 3 次，它的含义表示加宽 3 次，这足以显示很长的命令行了，如 ps - auxwww。

3. 磁盘相关命令（fdisk）

Linux 中与磁盘相关的命令如表 2-5 所示，本书仅以 fdisk 为例进行讲解。

表 2-5　Linux 常见系统管理命令

选项	命令含义	格式
free	查看当前系统内存的使用情况	free [选项]
df	查看文件系统的磁盘空间占用情况	df [选项]
du	统计目录（或文件）所占磁盘空间的大小	du [选项]
fdisk	查看硬盘分区情况及对硬盘进行分区管理	fdisk [-l]

（1）作用。

fdisk 可以用于查看硬盘分区情况，并可对硬盘进行分区管理。这里主要向读者演示其查看硬盘分区情况功能。另外，fdisk 也是一个非常好的硬盘分区工具，感兴趣的读者可以另外查找资料学习如何使用 fdisk 进行硬盘分区。

（2）格式。

```
fdisk [-l]
```

（3）使用示例。

```
[root@Linux~]# fdisk -l
Disk /dev/hda: 40.0 GB, 40007761920 bytes
240 heads, 63 sectors/track, 5168 cylinders
Units = cylinders of 15120 * 512 = 7741440 bytes
   Device Boot      Start         End      Blocks    Id  System
/dev/hda1   *           1        1084     8195008+   c   W95 FAT32 (LBA)
/dev/hda2            1085        5167    30867480    f   W95 Ext'd (LBA)
/dev/hda5            1085        2439    10243768+   b   W95 FAT32
```

```
/dev/hda6            2440        4064    12284968+   b   W95 FAT32
/dev/hda7            4065        5096     7799526   83   Linux
/dev/hda8            5096        5165      522081   82   Linux swap
```

可以看出，使用“fdisk -l”列出了文件系统的分区情况。

（4）使用说明。

① 使用 fdisk 必须拥有 root 权限。

② IDE 硬盘对应的设备名称分别为 hda、hdb、hdc 和 hdd，SCSI 硬盘对应的设备名称则为 sda、sdb……此外，hda1 代表 hda 的第一个硬盘分区，hda2 代表 hda 的第二个分区，依此类推。

③ 通过查看“/var/log/messages”文件，可以找到 Linux 系统已辨认出来的设备代号。

4. 磁盘挂载命令（mount）

（1）作用。

挂载文件系统的使用权限是超级用户或/etc/fstab 中允许的使用者。正如 1.5.1 节中所述，挂载是指把分区和目录对应的过程，而挂载点是指文件树中的挂载目录。使用 mount 命令就可以把文件系统挂载到相应的目录下，并且由于 Linux 中把设备都当作文件一样使用，因此，mount 命令也可以挂载不同的设备。

通常，Linux 下/mnt 是专门用于挂载不同文件系统的目录，可以在该目录下新建不同的子目录来挂载不同的设备文件系统。

（2）格式。

mount [选项] [类型]设备文件名 挂载点目录

其中的类型是指设备文件的类型。

（3）常见参数。mount 常见参数如表 2-6 所示。

表 2-6 mount 命令选项常见参数列表

选项	参数含义
-a	依照/etc/fstab 中的内容装载所有相关的硬盘
-l	列出当前已挂载的设备、文件系统名称和挂载点
-t 类型	将后面的设备以指定类型的文件格式装载到挂载点上。常见的类型有 VFAT、ext3、ext2、ISO9660、NFS 等
-f	通常用于除错。它会使 mount 不执行实际挂上的动作，而是模拟整个挂上的过程，通常和-v 一起使用

下面以在 Linux 下挂载 U 盘为例，来讲解 mount 命令的使用。

第一步：将 U 盘插在 PC 机上，则在虚拟机软件的右下角会出现一个 U 盘图标，如图 2-3 所示。

右键单击 U 盘图标，选择 Connect。这样 U 盘就被 Linux 系统识别了。

第二步：在 Linux 系统上打开一个终端，在终端上输入 df -h，得到图 2-4 所示的信息。

图 2-3 挂载 U 盘

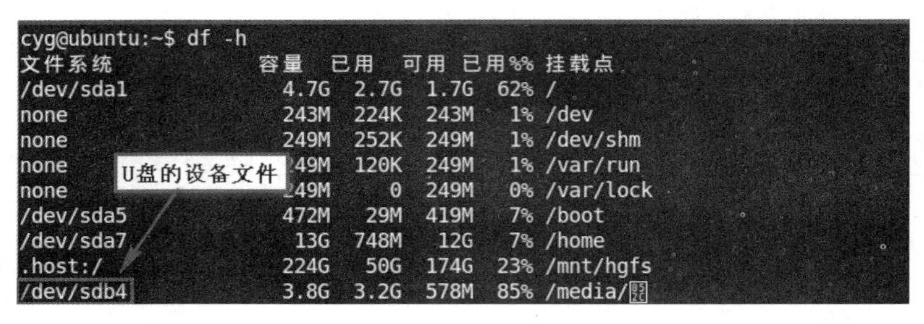

图 2-4 查看硬盘信息

在 Linux 操作系统中，一切皆文件，U 盘设备最终抽象成一个设备文件。如果想使用 U 盘，只需要通过 mount 命令挂载它。在这里需要注意的是，不是所有的 U 盘对应的设备文件都是/dev/sdb4。通常情况下，插上 U 盘后，通过 df -h 看到的最后一个就是 U 盘对应的设备文件。

默认情况下，U 盘被挂载在/media 下的一个子目录下。我们也可以手动将其挂载到其他的目录，在这里我们将它挂载到/mnt 目录下。

在 Shell 终端上输入：

```
cyg@ubuntu:~$ sudo  mount  -t  vfat  /dev/sdb4  /mnt
```

进入/mnt 目录，就可以看到 U 盘中的内容。

使用完之后，可以使用 umount 命令将其卸载：

```
cyg@ubuntu:~$ sudo umount /mnt
```

如果想让 U 盘从 Linux 系统中退到 Windows 系统中又该如何操作呢？

在虚拟机的右下角有个 U 盘的图标，右键单击图标，选择 Disconnect。此时 U 盘图标变成灰色，说明 Linux 系统没有抢占 U 盘设备。同样，可以选择 Connect，让 Linux 系统识别 U 盘设备。

2.3.2 文件、目录相关命令

由于 Linux 中有关文件目录的操作非常重要，也非常常用，因此在本节中，笔者将基本的文件操作命令都进行了讲解。

1. cd

（1）作用：改变工作目录。

（2）格式：

cd [路径]

其中的路径为要改变至的工作目录，可为相对路径或绝对路径。

（3）使用示例：

```
[root@www ucLinux]# cd /home/Linux/
[root@www Linux]# pwd
[root@www Linux]# /home/Linux/
```

该示例中变更工作目录为/home/Linux/，在后面的 pwd（显示当前目录）的结果中可以看出。

（4）使用说明。

① 该命令表示将当前目录改变至指定路径的目录。若没有指定路径，则回到用户的主目录。为了改变到指定目录，用户必须拥有对指定目录的执行和读权限。

② 该命令可以使用通配符。

③ 使用“cd –”可以回到前次工作目录。

④ “./”代表当前目录，“../”代表上级目录。

2. ls

（1）作用：列出目录的内容。

（2）格式：ls [选项] [文件]

其中“文件”选项为指定要查看的相关内容，若未指定文件，默认查看当前目录下的所有文件。

（3）常见参数：ls 主要选项参数如表 2-7 所示。

表 2-7　ls 命令常见参数列表

选项	参数含义
-1, --format=single-column	一行输出一个文件（单列输出）
-a，-all	列出目录中所有文件，包括以“.”开头的文件
-d	将目录名和其他文件一样列出，而不是列出目录的内容
-l,--format=long, --format=verbose	除每个文件名外，增加显示文件类型、权限、硬链接数、所有者名、组名、大小（Byte）及时间信息（如未指明是其他时间即指修改时间）
-f	不排序目录内容，按它们在磁盘上存储的顺序列出

（4）使用示例：

```
[ycwing@www /]$ ls -l
total 220
drwxr-xr-x      2      root      root      4096    Mar 312005    bin
[文件类型和访问权限] [文件链接数目] [文件所有者] [文件所属组] [大小] [修改时间] [名称]
drwxr-xr-x      3      root      root      4096    Apr 3  2005    boot
-rw-r--r--      1      root      root      0       Apr 24 2002    test.run
...
```

该示例查看当前目录下的所有文件，并通过选项“-l”显示出详细信息。

显示格式说明如下。

文件类型与权限 链接数 文件属主 文件属组 文件大小 修改时间 名字

（5）使用说明。

① 在 ls 的常见参数中，“-l”（长文件名显示格式）选项是最为常见的，可以详细显示出各种信息。

② 若想显示出所有“.”开头的文件，可以使用-a，这在嵌入式的开发中很常用。

3. mkdir

（1）作用：创建一个目录。

（2）格式：

mkdir [选项]路径

（3）常见参数：mkdir 主要选项参数如表 2-8 所示。

表 2-8 mkdir 命令常见参数列表

选项	参数含义
-m	对新建目录设置存取权限，也可以用 chmod 命令（在本节后会有详细说明）设置
-p	mkdir 创建的目录可以是一个路径名称。此时若此路径中的某些目录尚不存在，加上此选项后，系统将自动建立好那些尚不存在的目录，即一次可以建立多个目录

（4）使用示例：

```
[root@www Linux]# mkdir -p ./hello/my
[root@www my]# pwd（查看当前目录命令）
/home/Linux/hello/my
```

该示例使用选项“-p”一次创建了./hello/my 多级目录。

```
[root@www my]# mkdir -m 777 ./why
[root@www my]# ls -l
total 4
drwxrwxrwx     2 root      root            4096 Jan 14 09:24 why
```

该示例使用选项“-m”创建了相应权限的目录。对于“777”的权限在本节后面会有详细的说明。

（5）使用说明：该命令要求创建目录的用户在创建路径的上级目录中具有写权限，并且路径名不能是当前目录中已有的目录或文件名称。

4. cat

（1）作用：连接并显示指定的一个或多个文件的有关信息。

（2）格式：

cat[选项]文件 1、文件 2…

其中的“文件 1”“文件 2”为要显示的多个文件。

（3）常见参数：cat 命令的常见参数如表 2-9 所示。

表 2-9　cat 命令常见参数列表

选项	参数含义
-n	由第一行开始对所有输出的行数编号
-b	和“-n”相似，只不过对于空白行不编号

（4）使用示例：

```
[ycw@www ycw]$ cat -n hello1.c hello2.c
     1  #include <stdio.h>
     2  void main()
     3  {
     4          printf("Hello!This is my home!\n");
     5  }
     6  #include <stdio.h>
     7  void main()
     8  {
     9          printf("Hello!This is your home!\n");
    10  }
```

在该示例中，指定对 hello1.c 和 hello2.c 进行输出，并指定行号。

5. cp、mv 和 rm

（1）作用。

① cp：将给出的文件或目录复制到另一文件或目录中。

② mv：为文件或目录改名或将文件由一个目录移入另一个目录中。

③ rm：删除一个目录中的一个或多个文件或目录。

（2）格式。

① cp：cp [选项]源文件或目录 目标文件或目录

② mv：mv [选项]源文件或目录 目标文件或目录

③ rm：rm [选项]文件或目录

（3）常见参数。

① cp 主要选项参数如表 2-10 所示。

表 2-10　cp 命令常见参数列表

选项	参数含义
-a	保留链接、文件属性，并复制其子目录，其作用等于 dpr 选项的组合
-d	复制时保留链接
-f	删除已经存在的目标文件而不提示
-i	在覆盖目标文件之前将给出提示，要求用户确认。回答 y 时目标文件将被覆盖，而且是交互式复制

续表

选项	参数含义
-p	此时 cp 除复制源文件的内容外，还将把其修改时间和访问权限也复制到新文件中
-r	若给出的源文件是一目录文件，此时 cp 将递归复制该目录下所有的子目录和文件。此时目标文件必须为一个目录名

② mv 主要选项参数如表 2-11 所示。

表 2-11　mv 命令常见参数列表

选项	参数含义
-i	若 mv 操作将导致对已存在的目标文件的覆盖，此时系统询问是否重写，并要求用户回答 y 或 n，这样可以避免误覆盖文件
-f	禁止交互操作。在 mv 操作要覆盖某已有的目标文件时不给任何指示，在指定此选项后，i 选项将不再起作用

③ rm 主要选项参数如表 2-12 所示。

表 2-12　rm 命令常见参数列表

选项	参数含义
-i	进行交互式删除
-f	忽略不存在的文件，但从不给出提示
-r	指示 rm 将参数中列出的全部目录和子目录均递归地删除

（4）使用示例。

① cp：

```
[root@www hello]# cp -a ./my/why/ ./
[root@www hello]# ls
my   why
```

该示例使用“-a”选项将/my/why 目录下的所有文件复制到当前目录下。此时在原先目录下还有原有的文件。

② mv：

```
[root@www hello]# mv -i ./my/why/ ./
[root@www hello]# ls
my   why
```

该示例中把/my/why 目录下的所有文件移至当前目录，则原目录下文件被自动删除。

③ rm：

```
[root@www hello]# rm - r -i ./why
rm: descend into directory './why'? y
rm: remove './why/my.c'? y
rm: remove directory './why'? y
```

该示例使用“-r”选项删除./why 目录下所有内容，系统会进行是否删除确认。

（5）使用说明。

① cp：该命令可把指定的源文件复制到目标文件或把多个源文件复制到目标目录中。

② mv：

a. 该命令根据第 2 个参数的类型（是目标文件还是目标目录）来判断是重命名还是移动文件。当第 2 个参数类型是文件时，mv 命令完成文件重命名，此时，它将所给的源文件或目录重命名为给定的目标文件名。

b. 当第 2 个参数是已存在的目录名称时，mv 命令将各参数指定的源文件均移至目标目录中。

c. 在跨文件系统移动文件时，mv 先复制，再将原有文件删除，而链至该文件的链接也将丢失。

③ rm：

a. 如果没有使用“- r”选项，则 rm 不会删除目录。

b. 使用该命令时一旦文件被删除，它是不能被恢复的，所以最好使用“-i”参数。

6. chown 和 chgrp

（1）作用。

① chown：修改文件所有者和组别。

② chgrp：改变文件的组所有权。

（2）格式。

① chown：chown [选项]… 文件所有者[所有者组名]文件

其中的文件所有者为修改后的文件所有者。

② chgrp：chgrp [选项]… 文件所有组文件

其中的文件所有组为改变后的文件组拥有者。

（3）常见参数。chown 和 chgrp 的常见参数意义相同，其主要选项参数如表 2-13 所示。

表 2-13 chown 和 chgrp 命令常见参数列表

选项	参数含义
-c，-changes	详尽地描述每个 file 实际改变了哪些所有权
-f，--silent,--quiet	显示全部错误信息

（4）使用示例。在笔者的系统中一个文件的所有者原先是这样的。

```
[root@www Linux]# ls -l
-rwxr-xr-x    15 apectel   Linux           4096   6月   4   2005 uCLinux-dist.tar
```

可以看出，这是一个文件，它的文件拥有者是 apectel，具有可读写和执行的权限；它所属的用户组是 Linux，具有可读和执行的权限，但没有可写的权限；同样，系统其他用户对其也只有可读和执行的权限。

首先使用 chown 将文件所有者改为 root。

```
[root@www Linux]# chown root uCLinux-dist.tar
[root@www Linux]# ls - l
-rwxr-xr-x    15 root      Linux           4096   6月   4   2005 uCLinux-dist.tar
```

可以看出，此时，该文件拥有者变为了 root，它所属文件用户组不变。

接着使用 chgrp 将文件用户组变为 root。

```
[root@www Linux]# chgrp root uCLinux-dist.tar
[root@www Linux]# ls - l
-rwxr-xr-x    15 root      root          4096   6月   4   2005 uCLinux-dist.tar
```

（5）使用说明。使用 chown 和 chgrp 命令必须拥有 root 权限。

7. chmod

chmod 命令

（1）作用。改变文件的访问权限。

（2）格式。chmod 可使用符号标记和八进制数指定两种方式进行更改，因此它的格式也有两种不同的形式。

① 符号标记：chmod [选项]… 符号权限[，符号权限]… 文件

其中的符号权限可以指定为多个，也就是说，可以指定多个用户级别的权限，但它们中间要用逗号分开表示，若没有显示指出，则表示不作更改。

② 八进制数：chmod [选项]…八进制权限 文件…

其中的八进制权限是指要更改后的文件权限。

（3）选项参数。chmod 主要选项参数如表 2-14 所示。

表 2-14　chmod 命令常见参数列表

选项	参数含义
-c	若该文件权限确实已经更改，才显示其更改动作
-f	若该文件权限无法被更改也不要显示错误信息
-v	显示权限变更的详细资料

（4）使用实例。chmod 涉及文件的访问权限，在此对相关的概念进行简单的回顾。

在 ls 命令中已经提到，文件的访问权限可表示成：- rwx rwx rwx。这里有 3 种不同的访问权限：读（r）、写（w）和运行（x）。3 个不同的用户级别：文件拥有者（u）、所属的用户组（g）和系统里的其他用户（o）。在此，可增加一个用户级别 a（all）来表示所有这 3 个不同的用户级别。

① 对于第 1 种符号连接方式的 chmod 命令中，用加号“+”代表增加权限，用减号“-”删除权限，用等于号“=”设置权限。

例如，原先笔者系统中有文件 uCLinux20031103.tgz，其权限如下。

```
[root@www Linux]# ls - l
-rw-r--r--    1 root     root     79708616 Mar 24  2005 uCLinux20031103.tgz
[root@www Linux]# chmod a+rx,u+w uCLinux20031103.tgz
[root@www Linux]# ls - l
-rwxr-xr-x    1 root     root     79708616 Mar 24  2005 uCLinux20031103.tgz
```

可见，在执行了 chmod 之后，文件拥有者除拥有所有用户都有的可读和执行的权限外，还有可写的权限。

② 对于第 2 种八进制数指定的方式，将文件权限字符代表的有效位设为 1，即“rw-”“r-x”和“r--”的八进制表示分别为 110、101、100，把这个二进制串转换成对应的八进制数就是 6、5、4，也就是说该文件的权限为 654（3 位八进制数）。这样转化后八进制数、二进制及对应权限的关系如表 2-15 所示。

表 2-15　转化后八进制数、二进制及对应权限的关系

转换后八进制数	二进制	对应权限	转换后八进制数	二进制	对应权限
0	000	没有任何权限	1	001	只能执行
2	010	只写	3	011	只写和执行
4	100	只读	5	101	只读和执行
6	110	读和写	7	111	读、写和执行

同上例，原先笔者系统中有文件 genromfs-0.5.1.tar.gz，其权限如下。

```
[root@www Linux]# ls - l
-rw-rw-r--    1  Linux     Linux          20543  Dec  29   2004
genromfs-0.5.1.tar.gz
[root@www Linux]# chmod 765 genromfs-0.5.1.tar.gz
[root@www Linux]# ls - l
-rwxrw-r-x    1  Linux     Linux          20543  Dec  29   2004
genromfs-0.5.1.tar.gz
```

可见，在执行了 chmod 765 之后，该文件的拥有者权限、文件组权限和其他用户权限都相应地修改了。

（5）使用说明。使用 chmod 必须具有 root 权限。

grep 与 find 命令

8. grep

（1）作用。在指定文件中搜索特定的内容，并将含有这些内容的行标准输出。

（2）格式。

grep [选项]格式[文件及路径]

其中的格式是指要搜索的内容格式，若缺省“文件及路径”则默认表示在当前目录下搜索。

（3）常见参数。grep 主要选项参数如表 2-16 所示。

表 2-16 grep 命令常见参数列表

选项	参数含义
-c	只输出匹配行的计数
-I	不区分大小写（只适用于单字符）
-h	查询多文件时不显示文件名
-l	查询多文件时只输出包含匹配字符的文件名
-n	显示匹配行及行号
-s	不显示不存在或无匹配文本的错误信息
-v	显示不包含匹配文本的所有行

（4）使用示例。

```
[root@www Linux]# grep "hello" / -r
Binary file ./iscit2005/备份/iscit2004.sql matches
./ARM_TOOLS/uCLinux-Samsung/Linux-2.4.x/Documentation/s390/Debugging390.txt:
hello world$2 = 0
...
```

该本例中，hello 是要搜索的内容，“/ -r”用于指定文件，表示搜索根目录下的所有文件。

（5）使用说明。

① 在默认情况下，grep 只搜索当前目录。如果此目录下有许多子目录，grep 会以如下形式列出：grep:sound:Is a directory，这会使 grep 的输出难于阅读，但有两种解决的方法。

a. 明确要求搜索子目录：grep - r（正如上例中所示）。

b. 忽略子目录：grep -d skip。

② 当预料到有许多输出，可以通过管道将其转到 less（分页器）上阅读，如 grep "h" ./ -r |less。

③ grep 特殊用法。

grep pattern1|pattern2 files：显示匹配 pattern1 或 pattern2 的行。

grep pattern1 files|grep pattern2：显示既匹配 pattern1，又匹配 pattern2 的行。

9. find

（1）作用。在指定目录中搜索文件，它的使用权限是所有用户。

（2）格式。

find [路径][选项][描述]

其中的“路径”为文件搜索路径，系统开始沿着此目录树向下查找文件。它是一个路径列表，相互用空格分离。若缺省路径，那么默认为当前目录。

“描述”部分是匹配表达式，即 find 命令接受的表达式。

（3）常见参数。[选项]主要参数如表 2-17 所示。

表 2-17　find 选项常见参数列表

选项	参数含义
-depth	使用深度级别的查找过程方式，在某层指定目录中优先查找文件内容
-mount	不在其他文件系统（如 msdos、vfat 等）的目录和文件中查找

[描述]主要参数如表 2-18 所示。

表 2-18　find 描述常见参数列表

选项	参数含义
-name	支持通配符“*”和“?”
-user	用户名：搜索文件属主为用户名（ID 或名称）的文件
-print	输出搜索结果，并且打印

（4）使用示例。

```
[root@www Linux]# find ./ -name qiong*.c
./qiong1.c
./iscit2005/qiong.c
```

在该示例中使用了-name 选项以支持通配符。

（5）使用说明。

① 若使用的目录路径为“/”，通常需要查找较多的时间，可以指定更为确切的路径以减少查找时间。

② 在 find 命令中可以使用混合查找的方法，例如，想在“/etc”目录中查找大于 500 000B，并且在 24h 内修改了的某个文件，则可以使用“-and”（与）把两个查找参数链接起来组合成一个混合的查找方式，如“find /etc -size +500000c -and -mtime +1”。

10. ln

ln 命令用于在文件之间建立链接，是 Linux 中一个非常重要的命令。链接文件就类似于微软 Windows 的快捷方式，只保留目标文件的地址，而不占用存储空间。使用链接文件与使用目标文件的效果是一样的。可为链接文件指定不同的访问权限，以控制对文件的共享和安全性问题。

Linux 中有两种类型的链接。

硬链接是利用 Linux 中为每个文件分配的物理编号——inode 建立链接。因此，硬链接不能跨越文件系统。

软链接（符号链接）是利用文件的路径名建立链接。通常建立软链接使用绝对路径而不是相对路径，以最大限度增加可移植性。

需要注意的是，如果是修改硬链接的目标文件名，链接依然有效；如果修改软链接的目标文件名，则链接将断开；对一个已存在的链接文件执行移动或删除操作，有可能导致链接的断开。假如删除目标文件后，重新创建一个同名文件，软链接将恢复，硬链接不再有效，因为文件的 inode 已经改变。

（1）格式。

ln [选项]源文件或目录、目标文件或目录

（2）常见参数。“-s”，建立符号链接（这也是通常唯一使用的参数）。

（3）使用示例。

```
[root@www ucLinux]# ln -s ../genromfs-0.5.1.tar.gz ./hello
[root@www ucLinux]# ls -l
total 77948
lrwxrwxrwx    1 root    root     24 Jan 14 00:25 hello -> ../genromfs-0.5.1.tar.gz
```

该示例建立了当前目录的 hello 文件与上级目录之间的符号连接，可以看见，在 hello 的 ls -l 中的第一位为 l，表示符号链接，同时在结果中还显示了链接的源文件。

（4）使用说明。

① ln 命令会保持每一处链接文件的同步性，也就是说，不论改动了哪一处，其他的文件都会发生相同的变化。

② ln 的链接有软链接和硬链接两种。

软链接就是上面所说的 ln -s ** **，它只会在用户选定的位置上生成一个文件的镜像，不会重复占用磁盘空间，平时使用较多的都是软链接。

硬链接是不带参数的 ln ** **，它会在用户选定的位置上生成一个和源文件大小相同的文件。无论是软链接还是硬链接，文件都保持同步变化。

2.3.3 压缩打包相关命令

Linux 中压缩打包的命令如表 2-19 所示，本书以 gzip 和 tar 为例进行讲解。

表 2-19 Linux 常见系统管理命令

命令	命令含义	格式
bzip2	.bz2 文件的压缩（或解压）程序	Bzip 2[选项]压缩（解压缩）的文件名

续表

命令	命令含义	格式
bunzip2	.bz2文件的解压缩程序	Bunzip 2[选项] .bz2压缩文件
bzip2recover	用来修复损坏的.bz2文件	bzip2recover .bz2压缩文件
gzip	.gz文件的压缩程序	gzip [选项]压缩（解压缩）的文件名
gunzip	解压被gzip压缩过的文件	gunzip [选项] .gz文件名
unzip	解压被WinZip压缩的.zip文件	unzip [选项] .zip压缩文件
compress	早期的压缩或解压程序（压缩后文件名为.Z）	compress [选项]文件
tar	对文件目录进行打包或解包	tar [选项] [打包后文件名]文件目录列表

1. gzip

（1）作用。

对文件进行压缩和解压缩,而且gzip根据文件类型可自动识别压缩或解压。

（2）格式。

gzip [选项]压缩（解压缩）的文件名

（3）常见参数。gzip主要选项参数如表2-20所示。

表2-20 gzip命令常见参数列表

选项	参数含义
-c	将输出信息写到标准输出上，并保留原有文件
-d	将压缩文件解压
-l	对每个压缩文件，显示下列字段：压缩文件的大小、未压缩文件的大小、压缩比、未压缩文件的名字
-r	查找指定目录并压缩或解压缩其中的所有文件
-t	测试，检查压缩文件是否完整
-v	对每一个压缩和解压的文件，显示文件名和压缩比

（4）使用示例。

```
[root@www my]# gzip hello.c
[root@www my]# ls
hello.c.gz
[root@www my]# gzip -l hello.c
compressed uncompressed  ratio uncompressed_name
61                          39.3% hello.c
```

该示例将目录下的hello.c文件进行压缩，选项“-l”列出了压缩比。

（5）使用说明。使用gzip命令只能压缩单个文件，而不能压缩目录，其选项“-d”表示将该目录下的所有文件逐个进行，而不是将它们压缩成一个文件。

2. tar

（1）作用：对文件目录进行打包或解包。

在此需要对打包和压缩这两个概念进行区分。打包是指将一些文件或目录变成一个总的文件，而压缩则是将一个大的文件通过一些压缩算法变成一个小文件。为什么要区分这两个概念呢？这是由于在 Linux 中的很多压缩程序（如前面介绍的 gzip）只能针对一个文件进行压缩，这样当想要压缩较多文件时，就要借助它的工具将这些堆文件先打成一个包，然后再用原来的压缩程序进行压缩。

（2）格式。

tar [选项] [打包后文件名]文件目录列表

tar 可自动根据文件名识别打包或解包动作，其中，“打包后文件名”为用户自定义的文件名称；“文件目录列表”可以是要进行打包备份的文件目录列表，也可以是进行解包的文件目录列表。

（3）主要参数。tar 主要选项参数如表 2-21 所示。

表 2-21　tar 命令常见参数列表

选项	参数含义
-c	建立新的打包文件
-r	向打包文件末尾追加文件
-x	从打包文件中解出文件
-o	将文件解开到标准输出
-v	处理过程中输出相关信息
-f	对普通文件操作
-z	调用 gzip 来压缩打包文件，与“-x”联用时调用 gzip 完成解压缩
-j	调用 bzip2 来压缩打包文件，与“-x”联用时调用 bzip2 完成解压缩
-Z	调用 compress 来压缩打包文件，与“-x”联用时调用 compress 完成解压缩

（4）使用示例。

```
[root@www home]# tar -cvf ycw.tar ./ycw
./ycw/
./ycw/.bash_logout
./ycw/.bash_profile
./ycw/.bashrc
./ycw/.bash_history
./ycw/my/
./ycw/my/1.c.gz
./ycw/my/my.c.gz
```

```
./ycw/my/hello.c.gz
./ycw/my/why.c.gz
[root@www home]# ls -l ycw.tar
-rw-r-r--     1 root     root          10240 Jan 14 15:01 ycw.tar
```

该示例演示了如何将./ycw 目录下的文件加以打包，其中，加选项“-v”在屏幕上输出了打包的具体过程。

```
[root@www Linux]# tar -zxvf Linux-2.6.11.tar.gz
Linux-2.6.11/
Linux-2.6.11/drivers/
Linux-2.6.11/drivers/video/
Linux-2.6.11/drivers/video/aty/
…
```

该示例演示用选项“-z”调用 gzip，并与“-x”联用，从而完成解压缩。

（5）使用说明。除了常规的打包之外，tar 命令更为频繁的使用方式是用选项“-z”或“-j”调用 gzip 或 bzip2（Linux 中另一种解压工具）完成对各种不同文件的解压。

Linux 中常见类型的文件解压命令如表 2-22 所示。

表 2-22　Linux 常见类型的文件解压命令一览表

文件后缀	解压命令	示例
.a	tar xv	tar xv hello.a
.z	uncompress	uncompress hello.Z
.gz	gunzip	gunzip hello.gz
.tar.Z	tar xvZf	tar xvZf hello.tar.Z
.tar.gz/.tgz	tar xvzf	tar xvzf hello.tar.gz
tar.bz2	tar jxvf	tar jxvf hello.tar.bz2
.rpm	安装：rpm-i	安装：rpm -i hello.rpm
	解压：rpm2cpio	解压：rpm2cpio hello.rpm
.deb(Debian 中的文件格式)	安装：dpkg-i	安装：dpkg -i hello.deb
	解压：dpkg-deb --fsys-tarfile	解压：dpkg-deb --fsys-tarhello hello.deb
.zip	unzip	unzip hello.zip

2.3.4　文件比较命令 diff

（1）作用：比较两个不同的文件或不同目录下的两个同名文件功能，并生成补丁文件。

（2）格式。

diff[选项]　文件 1　文件 2

diff 比较文件 1 和文件 2 的不同之处，并按照选项所指定的格式加以输出。diff 的格式分为命令格式和上下文格式，其中，上下文格式又包括了旧版上下文格式和新版上下文格式，命令格式分为标准命令格式、简单命令格式及混合命令格式，它们之间的区别会在使用示例中进行详细的讲解。当选项默认时，diff 默认使用混合命令格式。

（3）主要参数。diff 主要选项参数如表 2-23 所示。

表 2-23　diff 命令常见参数列表

选项	参数含义
-r	对目录进行递归处理
-q	只报告文件是否有不同，不输出结果
-e，-ed	命令格式
-f	RCS（修订控制系统）命令简单格式
-c，--context	旧版上下文格式
-u，--unified	新版上下文格式
-Z	调用 compress 来压缩归档文件，与“-x”联用时调用 compress 完成解压缩

（4）使用示例。以下有两个文件 hello1.c 和 hello2.c。

```
//hello1.c
#include <stdio.h>
void main()
{
      printf("Hello!This is my home!\n");
}
//hello2.c
#include <stdio.h>
void main()
{
      printf("Hello!This is your home!\n");
}
```

示例将主要讲解各种不同格式的比较和补丁文件的创建方法。

主要格式比较。首先使用旧版上下文格式进行比较。

```
[root@www ycw]# diff -c hello1.c hello2.c
*** hello1.c      Sat Jan 14 16:24:51 2006
---hello2.c       Sat Jan 14 16:54:41 2006
***************
*** 1,5 ****
  #include <stdio.h>
  void main()
  {
!       printf("Hello!This is my home!\n");
  }
--- 1,5 ----
  #include <stdio.h>
```

```
  void main()
  {
!         printf("Hello!This is your home!\n");
  }
```

可以看出，用旧版上下文格式进行输出，在显示每个有差别行的同时还显示该行的上下 3 行，区别的地方用“!”加以标出，由于示例程序较短，上下 3 行已经包含了全部代码。

接着使用新版的上下文格式进行比较。

```
[root@www ycw]# diff -u hello1.c hello2.c
--- hello1.c      Sat Jan 14 16:24:51 2006
+++ hello2.c      Sat Jan 14 16:54:41 2006
@@ -1,5 +1,5 @@
 #include <stdio.h>
 void main()
 {
-        printf("Hello!This is my home!\n");
+        printf("Hello!This is your home!\n");
 }
```

新版上下文格式输出时，仅把两个文件的不同之处分别列出，而相同之处没有重复列出，这样大大方便了用户的阅读。

接下来使用命令格式进行比较。

```
[root@www ycw]# diff -e hello1.c hello2.c
4c
          printf("Hello!This is your home!\n");
```

可以看出，命令符格式输出时仅输出了不同的行，其中，命令符“4c”中的数字表示行数，字母的含义为 a——添加，b——删除，c——更改。因此，“-e”选项的命令符表示：若要把 hello1.c 变为 hello2.c，把 hello1.c 的第 4 行改为显示出的“printf ("Hello!This is your home!\n");”即可。

使用选项“-f”和使用选项“-e”显示的内容基本相同，就是数字和字母的顺序相交换了，从以下的输出结果可以看出。

```
[root@www ycw]# diff -f hello1.c hello2.c
c4
          printf("Hello!This is your home!\n");
```

在 diff 选项默认的情况下，输出结果如下。

```
[root@www ycw]# diff hello1.c hello2.c
4c4
<         printf("Hello!This is my home!\n");
---
>         printf("Hello!This is your home!\n");
```

可以看出，diff 默认情况下的输出格式充分显示了如何将 hello1.c 转化为 hello2.c，即通过“4c4”实现。

2.4 Linux 环境变量

环境变量一般是指在操作系统中用来指定操作系统运行环境的一些参

数，比如临时文件夹位置和系统文件夹位置等。

在前面我们学习过 Linux 常用的一些命令，如 ls、mkdir 等，这些命令可以在任何地方执行。实际上它们都是一个个可执行程序，存放在/bin 或/usr/bin 目录下。那操作系统是如何准确地找到它们的呢？这一切都要归功于环境变量 PATH，在 PATH 环境变量中就记录了这些命令所在的路径。当把命令提交给 Shell 时，Linux 操作系统就是通过搜索 PATH 环境变量，从而找到这些命令的。

在 Linux 系统中有很多环境变量,都有着不同的意义,可以通过命令 env 来查看。

```
cyg@ubuntu:~$ env
ORBIT_SOCKETDIR=/tmp/orbit-cyg
SSH_AGENT_PID=1823
TERM=xterm
SHELL=/bin/bash
XDG_SESSION_COOKIE=7baeccdd9cade0488153c05b00000006-1361255698.137620-1003565786
WINDOWID=69206019
......
```

Linux 系统中环境变量的格式：环境变量名=内容 1:内容 2。

环境变量名一般大写，如果有多个内容用冒号隔开。有一点需要注意的是，“=”号两边不能有空格。

查看环境变量的内容可以使用命令“echo $环境变量名”，如查看环境变量 PATH 的内容，使用 echo $PATH。

添加环境变量使用命令 export，分为临时添加和永久添加。

1. 临时添加

临时添加只对当前的终端有效，如果当前终端关闭，则添加的环境变量就不存在了。

实例：下面我们自己写一个程序，让它在任何路径下都能执行。我们可以把写好的程序编译好，然后添加到系统环境变量 PATH。

① 用 gedit 编辑工具编辑代码，在终端上输入 gedit　hello.c。

```
#include <stdio.h>

int main()
{
    printf("I love Linux !\n");
    return 0;
}
```

编辑完后，保存关闭。

② 用 gcc 编译器编译 hello.c 代码。

```
cyg@ubuntu:~$ gcc hello.c -o hello
```

③ 添加 hello 可执行程序到 PATH 环境变量。

```
cyg@ubuntu:~$ pwd
/home/cyg
cyg@ubuntu:~$ export PATH=/home/cyg:$PATH
```

通过 pwd 可以知道可执行程序 hello 所在的路径。在这里有个地方要注意，命令不能直接写成 export PATH=/home/cyg，由于 PATH 环境变量以前还有其他的内容，如果直接写成这样，PATH 之前的内容就会被覆盖掉。这里在末尾添加了“$PATH”表示引用 PATH 环境变量以前的内容，这样就相当于在之前的内容上又添加了一点新内容。执行完这条命令之后，就可以在任何路径下输入“hello”来执行 hello 这个程序。

2. 永久添加

在 Linux 系统中，有些文件在系统启动起来的时候或用户登录的时候会自动执行。例如/etc/profile，这是一个 Shell 脚本文件，任何用户登录的时候都会执行。

可以把环境变量添加到/etc/profile 中，这样在任何时候环境变量都有效。

① 使用超级用户权限打开/etc/profile 文件，在终端输入 sudo gedit /etc/profile（sudo 表示临时获得 root 权限）。在文件末尾添加“export PATH=/home/cyg:$PATH”，然后保存关闭。

② 添加完后，如果想让环境变量生效，可以重启计算机，也可以使用命令 source，如：source /etc/profile。

在这里有一点需要说明，笔者的 hello 程序所在的路径是/home/cyg，但大家的可能不一样。在做这个实验的时候需要注意一下。

思考与练习

1. 如何管理 Linux 系统用户？
2. 如何列出系统中的隐藏文件？
3. 如何复制整个目录？
4. 怎样删除一个非空的目录？
5. 如何创建一个链接？说明软链接和硬链接的区别。

PART03

第3章

Linux软件管理

■ 读者对于 Windows 环境下安装软件都十分熟悉，但是在 Linux 操作系统中没有图形界面的模式下完成软件的安装、卸载、查询等功能并不简单，它是需要借助相应的工具来完成的。

3.1 Linux 系统的软件管理机制

Linux 系统主要支持 RPM 和 Deb 两种软件包管理工具，这里只介绍 Deb 软件包管理工具，读者可自行查阅 RPM 软件包管理机制相关资料。

3.1.1 常用软件包管理工具简介

Linux 为用户提供了不同层次和类型的软件包管理工具，根据用户交互方式的不同，可以将常见的软件包管理工具分为三类。如表 3-1 所示。

表 3-1 软件包管理工具

类别	常用工具举例	描述
命令行	dpkg-deb、dpkg、apt	在命令行模式下完成软件包管理任务。为完成软件包的获取、查询、软件包依赖性检查、安装、卸载等任务，需要使用各自不同的命令
文本窗口界面	dselect、aptitude、tasksel	在文本窗口模式中，使用窗口和菜单可以完成软件包管理任务
图形界面	synaptic	在 X-Window 图形桌面环境中运行，具有更好的交互性、可读性、易用性等特点

使用软件包管理工具能够实现以下功能。

- 从 Ubuntu 软件源的镜像站点自动获取与安装软件相关的所有软件包。
- 将应用软件的相关文档打包成 Deb 软件包。
- 查询和检索 Deb 软件包信息。
- 检查当前操作系统中软件包的依赖关系。
- 安装和卸载 Deb 软件包。

其中最常用的就是命令行模式：dpkg、apt。

dpkg 是最早的 Deb 包管理工具，它在 Debian 一提出包管理模式后就诞生了。使用 dpkg 可以实现软件包的安装、编译、卸载、查询，以及应用程序打包等功能。但是由于当时 Linux 系统规模和 Internet 网络条件的限制，开发人员没有考虑到操作系统中软件包存在如此复杂的依赖关系，以及帮助用户获取软件包（获取存在依赖关系的软件包）。为了解决软件包依赖性问题和获取问题，就出现了 APT 工具。

APT 系列工具可能是 Deb 软件包管理工具中功能最强大的。Ubuntu 将所有的开发软件包存放在 Internet 上的许许多多镜像站点上。用户可以选择其中最适合自己的站点作为软件源。然后，在 APT 工具的帮助下，就可以完成所有的软件包的管理工作，包括维护系统中的软件包数据库、自动检查软件包依赖关系、安装和升级软件包、从软件源镜像站点主动获取相关软件包等。常用的 APT 实用程序有 apt-get、apt-cache、apt-file、apt-cdrom 等。

3.1.2 软件的安装与卸载

dpkg 软件包管理工具

dpkg 是 Ubuntu Linux 中最基本的命令行软件包管理工具，可用于安装、编译、卸载和查询 Deb 软件包。但 dpkg 不能主动从镜像站点获取软件包，且安装软件包时，无法检查软件包的依赖关系。因此，在对一个软件组件的依赖关系不清楚的情况下，建议使用 APT 软件包管理器。除非用户对软件包的依赖关系非常清楚，再使用 dpkg。

1. dpkg 相关命令

dpkg -i <package>:安装一个在本地文件系统上存在的 Debian 软件包。

dpkg -r <package>：移除一个已经安装的软件包。

dpkg -P <package>：移除已安装软件包及配置文件。

dpkg -L <package>：列出安装的软件包清单。

dpkg -s <package>：显出软件包的安装状态。

dpkg-reconfigure <package>：重新配置一个已经安装的软件包。

2. 软件的安装

在查看了某个 Deb 软件包文件的信息后，如果确定需要安装该软件包，就可以使用“dpkg -i”命令进行安装。“dpkg -i”命令用于手工安装指定的 Deb 软件包文件到当前系统中，该命令并不能够自动解决 Deb 软件包之间的依赖性关系问题。若出现安装失败，使用“apt-get -f install”命令可以解决依赖性问题，成功地进行包的后续安装工作。

例 3-1

```
//安装prozilla软件包
    root@li379-6:/home# dpkg-i prozilla_1.3.6-3woody3_i386.deb
       Selecting previously deselected package prozilla.
       (Reading database...20635 files and directories currently installed.)
       Unpacking prozilla (from
       Prozilla_1.3.6-3woody3_i386.deb) ...
       Setting up prozilla (1.3.6-3woody3)...
//当前系统中可以查看到prozilla软件包的状态信息
    root@li379-6:/home#dpkg  -l  |grep prozilla
       ii  prozilla  1.3.6-3woody3  Multi-threaded download accelerator
//解决安装lftp包所遇到的依赖关系      lftp软件包安装失败
```

```
root@li379-6:/home # dpkg -i lftp_3.1.3-1_i386.deb
    Selecting previously deselected package lftp.
    (Reading database ... 20654 files and directories currently installed.)
    Unpacking lftp (from lftp_3.1.3-1_i386.deb) ...
    dpkg: dependency problems prevent configuration of lftp:
    lftp: depends on libexpat1 (>= 1.95);however:
    Package libexpat1 is not installed.
    dpkg: error processing lftp:i386 (--install):
    dependency problems - leaving unconfigured
    Processing triggers for man-db ...
    Errors were encountered while processing:
    lftp
//使用 " dpkg-l " 查询信息显示lftp软件包未安装成功
root@li379-6:/home# dpkg -l|grep lftp
  iU  lftp                    3.1.3-1                    Sophisticated command-line
FTP/HTTP client p
//使用"apt-get  -f install"命令解决lftp包安装的依赖性问题
root@li379-6:/home# apt-get -f install
    Reading package lists... Done
    Building dependency tree
    Reading state information... Done
    Correcting dependencies... Done
    The following extra packages will be installed:
        libexpat1
    The following  NEW packages will be  installed:
        libexpat1
    0 upgraded, 1 newly installed, 0 to remove and 0 not upgraded.
    1 not fully installed or removed.
    Need to get 59.6kB of archives.
    After unpacking 188kB of additional disk space will be used.
    Do you want to continue [Y/n]? y
    //选择"y"继续安装过程
    Get:1 http://debian.cn99.com sarge/main libexpat1.95-8-3 [59.6kB]
    Fetched 59.6KB in 2S (22.0kB/s)
    Selecting previously deselected package libexpat1.
    (Reading database ... 20683 files and directories currently installed.)
    Unpacking libexpat1
    (from.../libexpat1_1.95.8-3_i386.deb) ...
    Setting up libexpat1 (1.95.8-3) ...
    Setting up lftp (3.1.3-1)...
    //"dpkg-l"查询结果显示lftp软件包已经安装成功
    root@li379-6:/home# dpkg -l|grep lftp
    ii  lftp                    3.1.3-1                  Sophisticated command-line
FTP/HTTP client p
```

3. 软件的卸载

当用户不再需要使用某个软件包时，可以将该软件包卸载，以免其占用过多的磁盘空间。“dpkg - r”和“dpkg - P”命令都可以实现对软件包的卸载。但“dpkg - r”命令只卸载软件包安装到系统中的文件，而保留原有的配置文件，在重新安装该软件后，还能使用原有配置，该命令并不会自动解决软件卸载过程中遇到的包依赖性问题，如遇到依赖性问题将给出相应的提示。“dpkg - P”命令将删除软件在系统中的安装文件，包括其配置文件，但是同样该命令不能解决软件包卸载过程中的依赖性问题。因此建议在卸载软件包时应尽量使用“apt-get”命令进行操作。

例 3-2

```
//不完全删除 "dpkg-r"
    root@li379-6:/home#dpkg-r   prozilla
        (Reading database...20690 files and directoried currently installed.)
      Removing prozilla...
//"dpkg-l"查询所得信息显示prozilla软件包已经卸载，但是配置文件仍然存在
    root@li379-6:/home#dpkg-l|grep prozilla
       rc prozilla   1.3.6-3woody3   Multi-threaded download accelerator
//完全删除 "dpkg-P"
    root@li379-6:/home#dpkg   -P   prozilla
       (Reading database...20690 files and directories currently installed.)
       Removing   prozilla...
      Purging configuration files for prozilla...
// "dpkg-l"命令已经查询不到任何有关prozilla的信息，该软件包被完全卸载
    root@li379-6:/home#dpkg   -l|grep prozilla
```

3.1.3 静态软件包的管理

Debian Linux 首先提出“软件包”的管理机制——Deb 软件包，将应用程序的二进制文件、配置文档、man/info 帮助页面等文件合并打包在一个文件中，用户使用软件包管理器直接操作软件包，完成获取、安装、卸载、查询等操作。

1. 软件包的命名

软件包的命名遵循以下约定：

```
Filename_Version-Reversion_Architecture.deb
```

其中，Filename 代表软件包名称，Version 代表软件版本，Reversion 代表修订版本，Architecture 代表体系结构。通常，修订版本号是由 Ubuntu 开发者或创建这个软件包的人指定的。在软件包被修改过之后，修改版本号加 1。

2. 软件包的优先级

Linux 为每个软件包指定了一个优先级，作为软件包管理器选择安装和卸载的一个依据。表 3-2 列出了 Ubuntu 定义的所有软件包优先级描述。在 Ubuntu 系统中规定，任何高优先级的软件包都不能依赖于低优先级的软件包。这样可以实现按照优先级一层层冻结系统。在新版本发布准备阶段，优先级的作用就显得更为重要。

基本系统由 Required 级和 Important 级软件包组成，属于这类优先级的软件包首先被冻结。由于这些软件包为其他软件包所依赖，它们能保证整个系统的稳定，因此是 Ubuntu 发布新版本所必需的。然后，冻结 Standard 级软

件包，紧接着，在发布新版本之前对 Optional 级和 Extra 级软件包进行冻结。

表 3-2 软件包优先级

类别	含义	补充说明
Required（必须）	该级别软件包是保证系统正常运行所必须的	包含所有必要的系统工具。尽管 Require 级别的软件不能满足整个系统的服务，但至少能够保证系统正常启动。如果删除其中一个软件包，系统将受到损坏而无法恢复，例如 bash、mount、upstart
Important(重要)	若缺少该级别软件包，系统会运行困难或不好操作	该级别软件包是一些实现系统底层功能的程序，例如 aptitude、ubuntu-keyring、cpio
Standard（基本）	该级别软件包是任何 Linux 系统的标准件	该级别的软件包可以支撑命令行控制台系统运行。通常作为默认安装选项，例如 memtest86、telnet、pppconfig、ed
Optional（可选）	该级别软件包是否安装不影响系统的正常运行	该级别的软件包用于满足用户特定的需求或服务。它们不会影响系统的正常运行，例如 X11、mysql、openoffic.org
Extra（额外）	该级别软件包可能与其他高级别软件包存在冲突	

3. 软件包的状态

在使用系统过程中，用户会不断地安装、卸载软件包。为了记录用户的安装行为，Ubuntu 对软件包定义了以下两种状态，如表 3-3 所示。

（1）期望状态：标记用户希望将某个软件包处于的状态。

（2）当前状态：标记用户操作该软件包后的最终状态。

表 3-3 软件包状态

类别	状态	状态符	描述
期望状态	未知（unknown）	u	用户并没描述他想对软件包进行什么操作
	已安装（install）	i	该软件包已安装或升级
	删除（remove）	r	软件包已删除，但不想删除任何配置文件
	清除（purge）	p	用户希望完全删除软件包，包括配置文件
	保持（hold）	h	用户希望软件包保持现状，例如，用户希望保持当前的版本、当前的状态
当前状态	未安装（Not）	n	该软件包描述信息已知，但仍未在系统中安装

续表

类别	状态	状态符	描述
当前状态	已安装（installed）	i	已完全安装和配置了该软件包
	仅存配置（config-file）	c	软件包已删除，但配置文件仍保留在系统中
	仅解压缩（Unpacked）	U	已将软件包中的所有文件释放，但尚未执行安装和配置
	配置失败（Failed-config）	F	曾尝试安装该软件包，但由于错误没有完成安装
	不完全安装（Half-installed）	H	已开始进行提取后的配置工作，但由于错误没有完成安装

4. 软件包的依赖性关系

Linux 操作系统是一个复杂系统。这个系统包含了大量的软件组件。但是，若要求它们能够成为一个有机整体，支撑 Linux 系统的正常运转，就必须要求各个组件密切配合。这就是 Linux 操作系统最初的设计理念——尽可能提高软件系统内部的耦合度。

换句话说，某个软件组件是否能够正常运行或者能够运行得更好，依赖于其他一些软件组件的存在。这样做的好处是，可以使系统更加致密、紧凑，减少中间环节可能引发的错误。然而，它随即带来两个负面问题，即软件组件依赖和软件组件冲突问题。

为了解决这个问题，Debian 提出了程序依赖性机制，并做出详细的定义。程序依赖性是用来描述独立运行程序与当前系统中程序之间存在的关联程度的。表 3-4 列出了 Ubuntu 中依赖性关系的定义。

软件包管理器将依据软件包“依赖关系”完成组件的安装或卸载。

表 3-4 软件包的依赖性关系

依赖关系	关系描述
依赖（depends）	要运行软件包 A 必须安装软件包 B，甚至还依赖于 B 的特定版本。通常版本依赖有最低版本限制
推荐（recommends）	软件包维护者认为所有用户都不会喜欢缺少软件包 A 的某些功能，而这些功能需要 B 来提供
建议（suggests）	软件包 B 能够增强软件包 A 的功能
替换（replaces）	软件包 B 安装的文件被软件包 A 中的文件删除或覆盖了
冲突（conflicts）	如果系统中安装了软件包 B，那么软件包 A 将无法运行。“Conflicts” 常和 “replaces” 同时出现
提供（provides）	软件包 A 中包含了软件包 B 中的所有文件和功能

5. 获取系统中已安装软件包的信息

（1）查看当前系统中已经安装的软件包信息可使用 dpkg-l 命令。“dpkg-l”命令可以与 less 和 grep 命令配合使用，如下所示。

例 3-3

```
    root@li379-6:~# dpkg -l|less
    Desired=Unknown/Install/Remove/Purge/Hold
    | Status=Not/Inst/Conf-files/Unpacked/halF-conf/Half-inst/trig-aWait/Trig-pend
    |/ Err?=(none)/Reinst-required (Status,Err: uppercase=bad)
    ||/ Name                          Version                    Description
    +++-==========================================-======================================
==================================================================
    ii  accountsservice               0.6.15-2ubuntu9            query and manipulate user
account information
    ii  adduser                       3.113ubuntu2               add and remove users and
groups
    ii  apache2                       2.2.22-1ubuntu1            Apache HTTP Server met
apa ckage
    ii  apache2-mpm-worker            2.2.22-1ubuntu1            Apache HTTP Server - high
speed threaded model
    ii  apache2-utils                 2.2.22-1ubuntu1            utility programs for webs
ervers
    ii  apache2.2-bin                 2.2.22-1ubuntu1            Apache HTTP Server comm
on binary files
    ⋮
```

（2）查询系统已经安装的指定软件包的详细信息（dpkg-s）。

例 3-4

```
    root@li379-6:~# dpkg -s vim
    Package: vim
    Status: install ok installed
    Priority: optional
    Section: editors
    Installed-Size: 2013
    Maintainer: Ubuntu Developers <ubuntu-devel-discuss@lists.ubuntu.com>
    Architecture: amd64
    Version: 2:7.3.429-2ubuntu2
    Provides: editor
    Depends: vim-common (= 2:7.3.429-2ubuntu2), vim-runtime (= 2:7.3.429-2ubuntu2),
libacl1 (>= 2.2.51-5), libc6 (>= 2.15), libgpm2 (>= 1.20.4), libpython2.7 (>= 2.7),
libseLinux1 (>= 1.32), libtinfo5
    Suggests: ctags, vim-doc, vim-scripts
    Description: Vi IMproved - enhanced vi editor
     Vim is an almost compatible version of the UNIX editor Vi.
     ...
```

（3）显示指定名称的软件包安装到系统中的文件列表（dpkg-L）。

例 3-5

```
    root@li379-6:~# dpkg -L vim
    /.
    /usr
    /usr/bin
    /usr/bin/vim.basic
```

```
/usr/share
/usr/share/lintian
/usr/share/lintian/overrides
/usr/share/lintian/overrides/vim
/usr/share/do
…
```

（4）查询系统中的某个文件属于哪个软件包（dpkg-S）。

例 3-6

```
//文件"/bin/ls"属于名为"coreutils"的软件包
root@li379-6:~# dpkg -S /bin/ls
coreutils: /bin/ls
```

6. 获取未安装的软件包（Deb 包）文件的信息

dpkg -c 命令可以查看 Deb 包中包含的文件列表。

例 3-7

```
//查看mydeb.deb软件包的内容
        root@li379-6:/home# dpkg -c mydeb.deb
        drwxr-xr-x root/root          0 2013-02-26 21:51 ./
        drwxr-xr-x root/root          0 2013-02-26 21:51 ./boot/
        -rw-r--r-- root/root          0 2013-02-26 21:51 ./boot/initrd-vstools.img
```

3.1.4 软件包的制作

1. Deb 软件包的结构

在一个 Deb 软件包中通常会包含 DEBIAN 和软件具体安装目录(如 etc、usr、opt、tmp 等)。在 DEBIAN 目录中起码包含 control 文件，其次还可能包含 postinst（postinstallation）、postrm（postremove）、preinst（preinsta llation）、prerm（preremove）、copyright（版权）、changlog（修订记录）和 conffiles 等文件。

control：这个文件主要描述软件包的名称（Package）、版本（Version）以及描述（Description）等，是 Deb 包必须具备的描述性文件，以便于软件的安装管理和索引。同时为了能对软件包进行充分的管理，可能还具有以下字段。

（1）Section：这个字段声明软件的类别，常见的有 utils、net、mail、text、x11 等。

（2）Priority：这个字段声明软件对于系统的重要程度，如 required、standard、optional、extra 等。

（3）Essential：这个字段声明是否是系统最基本的软件包（选项为 yes/no）。如果是，这就表明该软件是维持系统稳定和正常运行的软件包，不允许任何形式的卸载（除非进行强制性卸载）。

（4）Architecture：声明软件包结构，如基于 i386、amd64、m68k、sparc、alpha、powerpc 等。

（5）Source：软件包的源代码名称。

（6）Depends：软件所依赖的其他软件包和库文件。如果是依赖多个软件包和库文件，彼此之间采用逗号隔开。

（7）Pre-Depends：软件安装前必须安装、配置所依赖的软件包和库文件，它常常用于必须的预运行脚本需求。

（8）Recommends：这个字段表明推荐安装的其他软件包和库文件。

（9）Suggests：建议安装的其他软件包和库文件。

2. 制作 Deb 软件包

现在来看看如何修订一个已有的 Deb 包软件。

例 3-8

```
root@li379-6:/home# mkdir -p /root/minedeb/DEBIAN
root@li379-6:/home# mkdir -p /root/minedeb/boot
root@li379-6:/home# touch /root/minedeb/DEBIAN/control
root@li379-6:/home# touch /root/minedeb/DEBIAN/postinst
root@li379-6:/home# touch /root/minedeb/DEBIAN/postrm
//创建软件程序文件
root@li379-6:/home# touch /root/minedeb/boot/deb.img
root@li379-6:/home# cat /root/minedeb/DEBIAN/control
  Package:my-deb
  Version:1
  Section:utils
  Priority:optional   Architecture:amd64
  Maintainer:***
  Description:my first deb
root@li379-6:/home# cat   /root/minedeb/DEBIAN/postinst
  #!/bin/sh
  echo "my deb">/root/mydeb.log
root@li379-6:/home# cat   /root/minedeb/DEBIAN/postrm
  #!/bin/sh
  rm -rf /root/minedeb.log
root@li379-6:~# chmod -R 755 /root/minedeb/DEBIAN
  //生成Deb包
root@li379-6:~# dpkg-deb   --build   minedeb
  dpkg-deb: building package 'my-deb' in 'minedeb.deb'.
  //安装制作的Deb包
root@li379-6:~# dpkg -i   minedeb.deb
  (Reading database ... 25522 files and directories currently installed.)
  Preparing to replace my-deb 1 (using minedeb.deb) ...
  Unpacking replacement my-deb ...
  Setting up my-deb (1) ...
```

3.2 APT 高级软件包管理工具

3.2.1 APT 的运行机制

dpkg 并不会自动解决软件卸载过程中遇到的软件包依赖性问题，而通过

apt-get 命令可以解决此问题。APT 是 Ubuntu Linux 中功能最强大的命令行软件包管理工具，用于获取、安装、编译、卸载和查询 Deb 软件包，以及检查软件包依赖关系。Ubuntu 采用集中式的软件仓库机制，将各式各样的软件包分门别类地存放在软件仓库中，进行有效的组织和管理。然后，将软件仓库置于许许多多的镜像服务器中，并保持基本一致。这样，所有的 Ubuntu 用户随时都能获得最新版本的安装软件包。因此，对于用户，这些镜像服务器就是他们的软件源（Reposity），如图 3-1 所示。由于每位用户所处的网络环境不同，不可能随意地访问各镜像站点。为了能够有选择地访问，在 Ubuntu 系统中，使用软件源配置文件/etc/apt/sources.list 列出最合适访问的镜像站点地址。即使这样，软件源配置文件只是告知 Ubuntu 系统可以访问的镜像站点地址。但那些镜像站点都拥有什么软件资源并不清楚。若是每安装一个软件包，就在服务器上寻找一遍，效率是很低的。因而，就有必要为这些软件资源列个清单（建立索引文件），以便本地主机查询。这就是 APT 软件包管理器的工作原理。

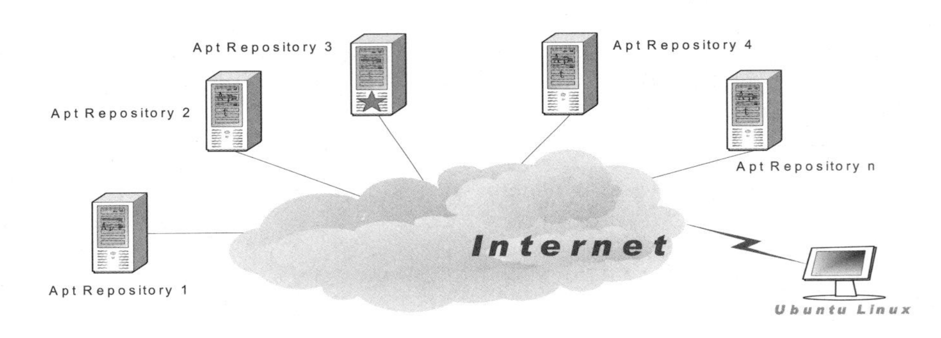

图 3-1 软件源

同时，APT 能够检查 Ubuntu Linux 系统中的软件包依赖关系。这大大简化了 Ubuntu 用户安装和卸载软件包的过程。因而，APT 成为 Ubuntu Linux 中最受欢迎的工具，也成为其他软件包管理工具的底层工具。

“软件源”是指散布在互联网中的众多服务器，在这些服务器中存放了大量的软件包，用于进行用户主机的更新和升级。它们是专门向 Ubuntu 用户免费开放的，所以只要在软件源中定期上传最新版本的软件，便可确保所有用户用到最新发布的软件包。然而，软件源中存放了数以千计的软件包，良莠不齐，来源不一，因此有必要对软件源中的软件包做一定的分类管理，以保证系统更新的安全性。

Ubuntu 将软件包从两个维度——支持力度和安装必要性，合理地进行了划分，如图 3-2 所示。可以看出，Ubuntu 的每一个版本都是按照这个软件包分类体系管理软件源的，并一直延续下去。

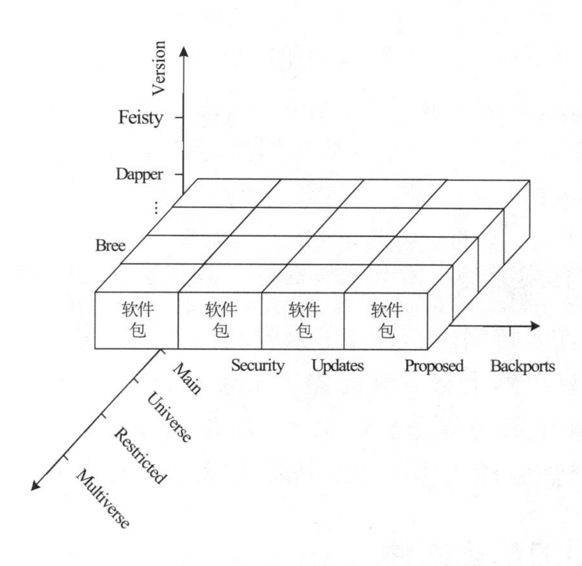

图 3-2 软件包的支持力度和安装必要性

（1）首先根据软件包开发组织对该软件的支持程度，以及其遵从的开源程度，分为如下 4 类。

① 核心（Main）：官方维护的开源软件，是由 Ubuntu 官方完全支持的软件，包括大多数流行的、稳定的开源软件，是 Ubuntu 默认安装的基本软件包。

② 公共（Universe）：社区维护的开源软件，是由 Ubuntu 社区的计算机爱好者维护的软件，是 Linux 世界中完全自由和开源部分，包括了绝大多数的开源软件。这些软件都是以“Main”中的软件包为基础编写而成的，因此不会与“Main”软件包发生冲突。但是这些软件包没有安全升级的保障。用户在使用 Universe 软件包时，需要考虑这些软件包存在的不稳定性。

③ 受限（Restricted）：官方维护的非开源软件，是专供特殊用途，而且没有自由软件版权，不能直接修改软件，但依然被 Ubuntu 团队支持的软件。

④ 多元化（Multiverse）：非 Ubuntu 官方维护的非开源软件，是指那些非自由软件，通常不能被修改和更新，用户使用这些软件包时，需要特别注意版权问题。

（2）从另一个角度根据软件包的必要性和安全性，也可将软件包划分为 4 类。

① 安全更新（Security）：稳定的、安全的软件包，是必须要安装的。

② 最新更新（Updates）：最新完成的更新软件包，建议安装。

③ 推荐更新（Proposed）：提前释放出的更新，处于 Alpha 测试阶段的软件包。

④ 修补性更新（Backports）：在 Ubuntu 旧版本中部分地添加新功能，该类软件包无任何技术支持。

APT 软件包管理器在一个文件中列出可获得软件包的镜像站点地址，这个软件源配置文件就是/etc/apt/sources.list。它本质就是一个普通的文本文件，可以在超级管理员授权下，使用任何文本编辑器进行编辑。需要提醒的是，在每次修改完/etc/apt/sources.list 文件后，一定要运行“apt-get update”命令，更改才会有效。在该文件中，添加的软件源镜像站点称为一个配置项，并遵循以下格式：

```
    DebType    AddressType://Hostaddress/Ubuntu    Distribution    Component1
Component2…
```

可以从光盘或者因特网上获取 APT 源。在光盘上获取 APT 源之前要先确认当前主机的光盘驱动器上有安装光盘。“apt-cdrom ident”命令可以扫描安装光盘上的内容，只显示安装光盘信息，不修改 sources.list 文件。“apt-cdrom add”命令可以将光盘驱动器中的安装光盘加入到 sources.list 文件中。

3.2.2 3 个重要的配置文件

1. apt 镜像的地址文件

“sources.list”是 apt 镜像的地址文件，用于存放当前系统使用的 APT 源信息，文件位于“/etc/apt/”目录中，典型的文件格式如下所示。

例 3-9

```
  root@li384-223:/etc/apt# cat sources.list
deb http://us.archive.ubuntu.com/ubuntu/ precise main restricted
deb-src http://us.archive.ubuntu.com/ubuntu/ precise main restricted
```

2. 本地索引列表

/var/lib/apt/lists 目录存放 apt 本地软件包索引文件，对于/etc/apt/sources.list 文件中配置的每一个软件仓库，这个目录中均存在一个文件，其中列出了相应软件仓库中每一个软件的最新版本信息。apt 使用这些文件确定软件包是否已经安装到本地系统，哪些软件包位于本地缓冲目录，软件包的最新版本是什么等。

3 个重要的配置文件

3. 本地文件下载缓存

/var/cache/apt/archives 目录是 apt 的本地缓冲目录，其中缓存了最近下载的 Deb 软件包文件，通常 apt 的 cron 脚本将会限制这个目录占用的存储空间及文件的存放时间。

3.2.3 apt-get 工具集

1. apt-get 命令

在 Ubuntu Linux 中，通常使用 apt-get 命令管理软件包，只需告知软件包名字，该命令就可以自动完成软件包的获取、安装、编译和卸载，并检查软件包依赖关系。apt-get 命令本身并不具有管理软件包功能，只是提供了一个软件包管理的命令行平台。在这个平台上使用更丰富的子命令，完成具体的管理任务。格式如下所示。

apt-get 工具集

例 3-10

```
apt-get  subcommands  [ -d | -f | -m | -q | --purge | --reinstall | - b | - s | - y |
- u | - h | -v ]  pkg
```

表 3-5 和表 3-6 中分别列出了 apt-get 中的子命令和选项以及它们的相应描述。

表 3-5　apt-get 中的子命令

子命令	描述
update	下载更新软件包列表信息
upgrade	将系统中所有软件包升级到最新的版本
install	下载所需软件包并进行安装配置
remove	卸载软件包
autoremove	将不满足依赖关系的软件包自动卸载
source	下载源码包
build-dep	为源码包构建所需的编译环境
dist-upgrade	发布版升级
dselect-upgrade	根据 dselect 的选择来进行软件包升级
clean	删除缓存区中所有已下载的包文件
autoclean	删除缓存区中老版本的已下载包文件
check	检查系统中依赖关系的完整性

表 3-6　apt-get 中的子选项

选项	描述
-d	仅下载软件包，而不安装或解压
-f	修复系统中存在的软件包依赖性问题
-m	当发现缺少关联软件包时，仍试图继续执行
-q	将输出作为日志保留，不获取命令执行进度
-purge	与 remove 子命令一起使用，完全卸载软件包
-reinstall	与 install 子命令一起使用，重新安装软件包
-b	在下载完源码包后，编译生成相应的软件包

续表

选项	描述
-s	不做实际操做，只是模拟命令执行结果
-y	对所有询问都做肯定的回答，apt-get 不再进行任何提示
-u	获取已升级的软件包列表
-h	获取帮助信息
-v	获取 apt-get 版本号

可以看出 apt-get 具有很强大的功能，熟练掌握子命令、选项的用法，并进行巧妙的组合，可以完成几乎所有的管理任务。“apt-get check”与“apt-get -f install”通常作为组合命令使用，前者用于检查软件包依赖关系，后者用于修复依赖关系。

在处理依赖关系上，apt-get 会自动下载并安装具有依赖关系（depends）的软件包，但不会处理与安装和软件包存在推荐（recommends）和建议（suggests）关系的软件包。也就是说，使用 apt-get 命令进行安装、卸载、升级等操作，只默认处理具有依赖关系的软件包，其他关系的软件包需要用户另行安装。

2. 刷新软件源

修改了配置文件——/etc/apt/sources.list，只是告知软件源镜像站点的地址。但那些所指向的镜像站点具有什么软件资源并不清楚，需要将这些资源列个清单，以便本地主机知晓可以申请哪些资源。为此可使用“apt-get update”命令来刷新软件源，建立一个更新软件包列表。“apt-get update”命令会扫描每一个软件源服务器，并为该服务器所具有的软件包资源建立索引文件，存放在本地的/var/lib/apt/lists/目录中。使用 apt-get 执行安装、更新操作时，都将依据这些索引文件，向软件源服务器申请资源。因此，在计算机设备空闲时，经常使用“apt-get update”命令刷新软件源是一个好的习惯，如下所示。

例 3-11

```
wdl@UbuntuFisher:~$ sudo apt-get update
获取：1 http://debian.cn99.com feisty Release.gpg [191B]
忽略 http://debian.cn99.com feisty/main Translation-zh_CN
获取：2 http://debian.cn99.com feisty/universe Translation-zh_CN [27.5kB]
获取：3 http://debian.cn99.com feisty Release [57.2kB]
获取：4 http://debian.cn99.com feisty/main Packages [1007kB]
获取：5 http://debian.cn99.com feisty/universe Packages [3754kB]
获取：6 http://debian.cn99.com feisty/main Sources [293kB]
获取：7 http://debian.cn99.com feisty/restricted Sources [1710B]
获取：8 http://debian.cn99.com feisty/universe Sources [1131kB]
下载6272kB，耗时3m53s (26.8kB/s)
正在读取软件包列表... 完成
```

3. 更新软件包

在 Ubuntu Linux 中，只需使用命令“apt-get upgrade”就可以轻松地将系统中的所有软件包一次性升级到最新版本。它可以很方便地完成在相同版本号的发行版中更新软件包。

例 3-12

```
wdl@wdl-desktop:~$ sudo apt-get upgrade
正在读取软件包列表... 完成
正在分析软件包的依赖关系树... 完成
下列的软件包将被升级：
app-install-data-commercial  cpio  cupsys  cupsys-bsd  cupsys-client  debconf
debconf-i18n dpkg dselect
evolution-data-server  hal  hal-device-manager  iptables  klogd  language-pack-en
language-pack-en-base
lvm2  popularity-contest  python-apt  python2.4-apt  sysklogd  update-manager
xserver-xorg-core
……
共升级了49个软件包，新安装了0个软件包，要卸载0个软件包，有0个软件未被升级。
需要下载34.8MB的软件包。
解压缩后会消耗掉10.6MB的额外空间。
您希望继续执行吗？ [Y/n]
```

4. 安装软件包

在准备好软件源并连通网络后，用户只需告知安装软件的名称，“apt-get install”命令就可以轻松完成整个安装过程，而无需考虑软件包的版本、优先级、依赖关系等。使用“apt-get install”下载软件包大体分为以下 4 步。

（1）扫描本地存放的软件包更新列表（由 apt-get update 命令刷新更新列表），找到最新版本的软件包。

（2）进行软件包依赖关系检查，找到支持该软件正常运行的所有软件包。

（3）从软件源所指的镜像站点中，下载相关软件包。

（4）解压软件包，并自动完成应用程序的安装和配置。

下面是安装一个 XChat 聊天室软件的具体过程。

例 3-13

```
wdl@UbuntuFisher:~$ sudo apt-get install  xchat
正在读取软件包列表... 完成
正在分析软件包的依赖关系树
读取状态信息... 完成
将会安装下列额外的软件包：
tcl8.4   xchat-common
建议安装的软件包：
tclreadline   libnet-google-perl
下列【新】软件包将被安装：
tcl8.4  xchat  xchat-common
共升级了0个软件包，新安装了3个软件包，要卸载0个软件包，有1个软件未被升级。
```

```
需要下载2354kB的软件包。
解压缩后会消耗掉6693kB的额外空间。
您希望继续执行吗？[Y/n] y
获取：1 http://debian.cn99.com feisty/main    tcl8.4         8.4.14-0ubuntu1
[1163kB]
获取：2 http://debian.cn99.com feisty/universe   xchat-common    2.8.0-0ubuntu4
[888kB]
获取：3 http://debian.cn99.com feisty/universe   xchat           2.8.0-0ubuntu4
[303kB]
下载2354kB，耗时1m44s (22.6kB/s)
选中了曾被取消选择的软件包tcl8.4。
(正在读取数据库 ... 系统当前总共安装有117915个文件和目录。)
正在解压缩tcl8.4 (从 .../tcl8.4_8.4.14-0ubuntu1_i386.deb) ...
选中了曾被取消选择的软件包xchat-common。
正在解压缩xchat-common (从 .../xchat-common_2.8.0-0ubuntu4_all.deb) ...
选中了曾被取消选择的软件包xchat。
正在解压缩xchat (从 .../xchat_2.8.0-0ubuntu4_i386.deb) ...
正在设置tcl8.4 (8.4.14-0ubuntu1) ...
正在设置xchat-common (2.8.0-0ubuntu4) ...
正在设置xchat (2.8.0-0ubuntu4) ...
```

从以上命令执行结果中，可以看到 XChat 软件的整个安装过程。用户输入安装软件的名称，默认情况下，apt-get install 将会安装最新版本的 XChat 软件。并且，检查 XChat 软件包依赖关系树，发现与 XChat 存在依赖关系的软件包有 tcl8.4 和 XChat-common，存在建议关系的软件包有 tclreadline 和 libnet-google-perl。默认情况下，apt-get install 只安装依赖关系的软件包。在回答“是否继续下载？”的提示后，开始下载软件包，下载过程可能需要一段时间。下载结束后，这些软件包会被自动解压，并按照依赖关系的前后顺序，依次完成安装和配置。需要说明的是，apt-get install 命令下载软件包并不是立即安装的，而会将下载的包文件存放在本地缓存目录（/var/cache/apt/archives）中，等全部下载结束后，再进行安装。用户可以在这个目录下找到所有由 apt-get install 下载的软件包。

5. 重新安装软件包

当用户不小心损坏了已安装的软件包而需要修复它，或者，希望重新安装软件包中某些文件的最新版本，可以使用“apt-get --reinstall install”命令进行软件包的重新安装。

例 3-14

```
wdl@UbuntuFisher:~$ sudo apt-get  --reinstall  install  xchat
正在读取软件包列表... 完成
正在分析软件包的依赖关系树
读取状态信息... 完成
建议安装的软件包：
libnet-google-perl
下列【新】软件包将被安装：
xchat
```

```
共升级了0个软件包，新安装了1个软件包，要卸载0个软件包，有1个软件未被升级。
需要下载0B/303kB的软件包。
解压缩后会消耗掉815kB的额外空间。
选中了曾被取消选择的软件包xchat。
(正在读取数据库 ... 系统当前总共安装有118070个文件和目录。)
正在解压缩xchat (从 .../xchat_2.8.0-0ubuntu4_i386.deb) ...
正在设置xchat (2.8.0-0ubuntu4)
```

6. 卸载软件包

（1）不完全卸载。

“apt-get remove”会关注那些与被删除的软件包相关的其他软件包，删除一个软件包时，将会连带删除与该软件包有依赖关系的软件包。

例 3-15

```
wdl@UbuntuFisher:~$ sudo apt-get remove  xchat
正在读取软件包列表... 完成
正在分析软件包的依赖关系树
读取状态信息... 完成
The following packages were automatically installed and are no longer required:
xchat-common  tcl8.4
使用 'apt-get autoremove' 来删除它们。
下列软件包将被【卸载】：
xchat
共升级了0个软件包，新安装了0个软件包，要卸载1个软件包，有1个软件未被升级。
需要下载0B的软件包。
解压缩后将会空出815kB的空间。
您希望继续执行吗？[Y/n]y
(正在读取数据库 ... 系统当前总共安装有118085个文件和目录。)
正在删除xchat ...
```

（2）完全卸载。

“apt-get --purge remove”命令在卸载软件包文件的同时，还删除该软件包所使用的配置文件。

例 3-16

```
wdl@UbuntuFisher:~$ sudo apt-get --purge remove  xchat
正在读取软件包列表... 完成
正在分析软件包的依赖关系树
读取状态信息... 完成
The following packages were automatically installed and are no longer required:
xchat-common tcl8.4
使用 'apt-get autoremove' 来删除它们。
下列软件包将被【卸载】：
xchat*
共升级了0个软件包，新安装了0个软件包，要卸载1个软件包，有1个软件未被升级。
需要下载0B的软件包。
解压缩后将会空出815kB的空间。
您希望继续执行吗？[Y/n]y
(正在读取数据库 ... 系统当前总共安装有118085个文件和目录。)
正在删除xchat ...
正在清除xchat的配置文件 ...
```

7. 修复软件包依赖关系

如果由于故障而中断软件安装过程，可能会造成关联的软件包只有部分安装。之后，用户就会发现该软件既不能重装又不能删除，此外有些用户可能会不顾及依赖关系，使用“dpkg–i”强制安装软件包，也可能破坏依赖关系。这时可以使用“apt-get -f install”修复软件包依赖关系。另外，可以使用 apt-get check 检查依赖关系。

例 3-17

```
wdl@UbuntuFisher:~$ sudo dpkg -i  g++_4.1.2-9ubuntu2_i386.deb
(正在读取数据库 ... 系统当前总共安装有118086个文件和目录。)
正预备替换g++ 4:4.1.2-1ubuntu1 (使用g++_4.1.2-9ubuntu2_i386.deb) ...
正在解压缩将用于更替的包文件g++ ...
dpkg：依赖关系问题使得g++ 的配置工作不能继续：
g++ 依赖于g++-4.1 (>= 4.1.2-1)；然而：
系统中g++-4.1的版本为4.1.2-0ubuntu4。
dpkg：处理g++ (--install)时出错：
依赖关系问题 - 仍未被配置
在处理时有错误发生：
g++
wdl@wdl-desktop:~/TreeCode$ sudo apt-get -f install
正在读取软件包列表... 完成
正在分析软件包的依赖关系树
Reading state information... 完成
正在更正依赖关系... 完成
将会安装下列额外的软件包：
g++-4.1
建议安装的软件包：
gcc-4.1-doc lib64stdc++6 glibc-doc manpages-dev libstdc++6-4.1-doc
下列【新】软件包将被安装：
g++-4.1
共升级了0个软件包，新安装了1个软件包，要卸载0个软件包，有1个软件未被升级。
有1个软件包没有被完全安装或卸载。
需要下载2581kB的软件包。
解压缩后会消耗掉32.9MB的额外空间。
您希望继续执行吗？[Y/n]y
获取：1 http://debian.cn99.com feisty/main g++-4.1 4.1.2-0ubuntu4 [2581kB]
下载2581kB，耗时1m59s (65.9kB/s)
选中了曾被取消选择的软件包g++-4.1。
正在解压缩g++-4.1 (从 .../g++-4.1_4.1.2-0ubuntu4_i386.deb) ...
正在设置g++-4.1 (4.1.2-0ubuntu4) ...
```

8. 清理软件包缓冲区

如果用户认为软件包缓冲区中的文件没有任何价值了，有必要删除全部下载的软件包，那么可以使用“apt-get clean”清理整个软件包缓冲区，除了 lock 锁文件和 partial 目录。

例 3-18

```
wdl@UbuntuFisher:~$ ls  /var/cache/apt/archives/
lock        partial        rxvt_1%3a2.6.4-10_i386.deb        rxvt_2.6.4-12_i386.deb
```

```
xchat_2.8.0-0ubuntu4_i386.deb
    wdl@UbuntuFisher:~$ sudo apt-get clean
    wdl@UbuntuFisher:~$ ls  /var/cache/apt/archives/
    lock  partial
```

另外，如果用户希望缓冲区中只保留最新版本的软件包，多余版本全部清除，则可以使用“apt-get autoclean”命令。

例 3-19

```
    wdl@UbuntuFisher:~$ ls /var/cache/apt/archives/
    lock        partial        rxvt_1%3a2.6.4-10_i386.deb        rxvt_2.6.4-12_i386.deb
xchat_2.8.0-0ubuntu4_i386.deb
    wdl@UbuntuFisher:~$ sudo apt-get  autoclean
    正在读取软件包列表... 完成
    正在分析软件包的依赖关系树
    读取状态信息... 完成
    Del rxvt 2.6.4-12 [201kB]
    wdl@UbuntuFisher:~$ ls /var/cache/apt/archives/
    lock  partial  rxvt_1%3a2.6.4-10_i386.deb  xchat_2.8.0-0ubuntu4_i386.deb
```

从以上命令的执行结果可以看出，“apt-get autoclean”在分析了依赖关系后，删除了多余的 rxvt 软件包。总之，“apt-get autoclean”仅删除那些过时的文件。

3.2.4 apt-cache 工具集

1. apt-cache 命令

apt-cache 是一个 apt 软件包管理工具，配合不同的子命令和参数（见表 3-7 和表 3-8）使用，可以实现查询软件源和软件包的相关信息及包依赖关系等功能。

语法如下：

```
apt-cache [-hvsn] [-o=config string] [-c=file]
          {[gencaches] | [showpkg pkg...] |
          [showsrc pkg...] | [stats] | [dump] |
          [dumpavail] | [unmet] | [search regex] |
          [show pkg...] | [depends pkg...] |
          [rdepends pkg...] | [pkgnames prefix] |
          [dotty pkg...] | [xvcg pkg...] |
          [policy pkgs...] | [madison pkgs...]}
```

表 3-7 apt-cache 的选项

选项	描述
-p	软件包缓存
-s	源代码包的缓存
-q	关闭进度获取
-i	获取重要的依赖关系，仅与 unmet 命令一起使用

续表

选项	描述
-c	读取指定配置文件
-h	获取帮助信息

表 3-8　apt-cache 的子命令

子命令	描述
showpkg	获取二进制软件包的常规描述信息
showsrc	获取源码包的详细描述信息
show	获取二进制软件包的详细描述信息
stats	获取软件源的基本统计信息
dump	获取软件源所有软件包的简要信息
dumpavail	获取当前中已安装的所有软件包的描述信息
unmet	获取所有未满足的依赖关系
search	根据正则表达式检索软件包
depends	获取该软件包的依赖信息
rdepends	获取所有依赖于该软件包的软件包
pkgnames	列出所有已安装软件包的名字
policy	获取软件包当前的安装状态

2. 查询数据源的相关统计信息

下面通过示例来具体说明 apt-cache 的用法。首先，使用“apt-cache stats”命令查询数据源的相关统计信息。

例 3-20

```
wdl@UbuntuFisher:~$ apt-cache  stats
软件包总数(按名称计)：8946 (358k)
  普通软件包：5096
  完全虚拟软件包：119
  单虚拟软件包：814
  混合虚拟软件包：29
  缺漏的：2888
按版本共计：5238 (272k)
Total Distinct Descriptions: 5240 (126k)
按依赖关系共计：43343 (1214k)
按版本/文件关系共计：6247 (100.0k)
Total Desc/File relations: 5240 (83.8k)
提供映射共计：1484 (29.7k)
Glob字串共计：52 (450)
依赖关系版本名所占空间共计：260k
```

```
Slack空间共计：88.4k
总占用空间：2062k
```

3. 查询已安装软件包

使用“apt-cache pkgnames”命令获得目前系统中所有的已安装软件包。

例 3-21

```
wdl@UbuntuFisher:~$ apt-cache pkgnames | wc-l
8946
```

4. 按关键字查询

使用“apt-cache search”命令通过关键字查询软件包信息，在包名称和包描述信息、软件包详细信息中进行搜索。

例 3-22

```
//查询以"ls"开头的软件包列表
root@li384-223:/# apt-cache search ls|grep ^ls
lsb - Linux Standard Base 4.0 support package
lsb-base - Linux Standard Base 4.0 init script functionality
lsb-core - Linux Standard Base 4.0 core support package
lsb-cxx - Linux Standard Base 4.0 C++ support package
lsb-desktop - Linux Standard Base 4.0 Desktop support package
lsb-graphics - Linux Standard Base 4.0 graphics support package
lsb-printing - Linux Standard Base 4.0 Printing package
lsb-release - Linux Standard Base version reporting utility
lshw - information about hardware configuration
```

5. 获取软件包的详细信息

使用“apt-cache show”命令获取指定软件包的详细信息，包括软件包安装状态、优先级、试用架构、版本、存在依赖关系的软件包，以及功能描述。该命令可以同时显示多个软件包的详细信息。

例 3-23

```
root@li384-223:/# apt-cache show vim
Package: vim
Priority: optional
Section: editors
Installed-Size: 2013
Maintainer: Ubuntu Developers <ubuntu-devel-discuss@lists.ubuntu.com>
Original-Maintainer: Debian Vim Maintainers <pkg-vim-maintainers@lists.alioth.debian.
org>
Architecture: amd64
Version: 2:7.3.429-2ubuntu2.1
Provides: editor
Depends: vim-common (= 2:7.3.429-2ubuntu2.1), vim-runtime (= 2:7.3.429-2ubuntu2. 1),
libacl1 (>= 2.2.51-5), libc6 (>= 2.15), libgpm2 (>= 1.20.4), libpython2.7 (>= 2.7), libseLinux 1
(>= 1.32), libtinfo5
Suggests: ctags, vim-doc, vim-scripts
Filename: pool/main/v/vim/vim_7.3.429-2ubuntu2.1_amd64.deb
Size: 1048020
MD5sum: a97d345324a1d673da8a34609767a3f7
```

```
SHA1: 13f284ec5e96e9904ba5e5520c5ac59f5737b14e
SHA256: 86e86f71ade6e324b600269ff89c8eb03e8ada5f4ca22cec8e57edc5696dc35c
Description-en: Vi IMproved - enhanced vi editor
 Vim is an almost compatible version of the UNIX editor Vi.
 .
 Many new features have been added: multi level undo, syntax
 highlighting, command line history, on-line help, filename
 completion, block operations, folding, Unicode support, etc.
```

6. 获取所有软件包的详细信息

如果获得系统中所有软件包的详细描述信息，可以使用“apt-cache dumpavail”命令。

例 3-24

```
root@li379-6:~# apt-cache dumpavail
Package: acct
Priority: optional
Section: admin
Installed-Size: 396
Maintainer: Ubuntu Developers <ubuntu-devel-discuss@lists.ubuntu.com>
Original-Maintainer: Mathieu Trudel-Lapierre <mathieu.tl@gmail.com>
Architecture: amd64
Version: 6.5.5-1ubuntu1
Depends: dpkg (>= 1.15.4) | install-info, libc6 (>= 2.4)
Filename: pool/main/a/acct/acct_6.5.5-1ubuntu1_amd64.deb
```

7. 获取软件包的常规信息

用户可以使用“apt-cache showpkg”命令获取软件包的常规信息。

例 3-25

```
wdl@UbuntuFisher:~$ apt-cache showpkg  rxvt
Package: rxvt
Versions: 1:2.6.4-10 (/var/lib/dpkg/status)
Description Language:
File: /var/lib/dpkg/status
MD5: 66a3d03c2f89b2bd7ca372d0304de2dd
Reverse Depends: rxvt-ml, rxvt
Dependencies:
1:2.6.4-10 - libc6 (2 2.3.4-1) libx11-6 (0 (null)) base-passwd (2 2.0.3.4) libxpm4 (0 (null)) suidmanager (3 0.50)
Provides: 1:2.6.4-10 - x-terminal-emulator
Reverse Provides:
```

8. 获取软件包的安装状态

使用“apt-cache policy”可以获取软件包当前的安装状态。

例 3-26

```
wdl@UbuntuFisher:~$ apt-cache policy  rxvt
rxvt:
已安装：1:2.6.4-10
候选的软件包：1:2.6.4-10
版本列表：
*** 1:2.6.4-10 0
```

```
100 /var/lib/dpkg/status

wdl@UbuntuFisher:~$ sudo dpkg -r rxvt
(正在读取数据库 ... 系统当前总共安装有117549个文件和目录。)
正在删除rxvt ...
wdl@UbuntuFisher:~$ apt-cache policy  rxvt
rxvt:
已安装：(无)
候选的软件包：(无)
版本列表：
1:2.6.4-10 0
100 /var/lib/dpkg/status
```

9. 查询软件包的依赖关系

使用“apt-cache depends”命令查询软件包安装、卸载过程中的依赖关系。

例 3-27

```
wdl@UbuntuFisher:~$ apt-cache depends  rxvt
rxvt
依赖：libc6
依赖：libx11-6
依赖：base-passwd
建议：libxpm4
冲突：<suidmanager>
```

10. 清除软件包的.deb 文档

如果不需要.deb 文档，可以定期运行“apt-get autoclean”这个命令来清除软件包的.deb 文档，这样能够释放大量的磁盘空间。

例 3-28

```
root@li384-223:/# apt-get autoclean
Reading package lists... Done
Building dependency tree
Reading state information... Done
```

思考与练习

1. dpkg 的使用范围是什么？
2. 如何在线安装、卸载 rxvt 终端？

PART04

第4章

Linux用户管理

■ 在 Linux 中进行用户管理，可以对计算机及网络资源进行合理分配，也可以控制用户访问系统的权限，登录时进行用户身份的验证。本章将对 Linux 用户管理来进行详细的讲解，同时也包括磁盘配额的相关知识。

4.1 用户的定义

Linux 是多用户多任务操作系统，在系统中可建立多个用户。所谓多用户多任务是指，多个用户可以在同一时间内登录同一个系统执行各自不同的任务，而互不影响。不同用户具有不同的权限，每个用户在权限允许的范围内完成各自的任务。Linux 正是通过这种权限的划分与管理，实现了多用户多任务的运行机制。

4.1.1 用户的属性

1. 用户名

用户名就是账号，用来对应 UID。

2. 口令

口令就是登录账号的密码。

3. 用户 ID（UID）

用户 ID（UID）是账号的标示符。当 UID 为 0 时，代表这个账号是系统管理员。当 UID 为 1～499 时，为系统保留账号，通常是不可登录的，其中 UID 为 1～99 的部分是由 distributions 自行建立的系统账号，当用户有系统账号需求时，可以使用 100～499 的账号。当 UID 为 500～65535 时，是可登录账号，供一般使用者使用。

4. 用户主目录（HOME）

默认用户家目录在“/home/用户名”目录下。

5. 用户 Shell

当用户登录系统后就会取得一个 Shell 来与系统的核心沟通以进行用户的操作任务。

4.1.2 用户与组

用户组是具有相同特征的用户的集合体，通过用户组可以让多个用户具有相同的权限。

用户和用户组的对应关系包括如下几种：一对一、多对一、一对多或多对多。

一对一：某个用户可以是某个组的唯一成员。

多对一：多个用户可以是某个唯一的组的成员，不归属其他用户组。

一对多：某个用户可以是多个用户组的成员。

多对多：多个用户对应多个用户组。

4.1.3 相关的配置文件

配置文件 etc 下 passwd

1. /etc/passwd 文件

/etc/passwd 文件是系统能够识别的用户清单。当用户登录时，系统会查询这个文件，确定用户的 UID 并验证用户口令。文件包括以下几部分内容，以“:”分割：

登录名；
经过加密的口令；
UID；
默认的 GID；
个人信息；
主目录；
登录 Shell。
如下所示：

```
james@server:~$ cat /etc/passwd|head -n 1
root:x:0:0:root:/root:/bin/bash
```

2. /etc/shadow 文件

/etc/shadow 文件是加密的用户清单，只有超级用户可以访问这个文件，用来保护加密口令的安全。文件包括以下几个字段，以“:”分割（见图 4-1）：

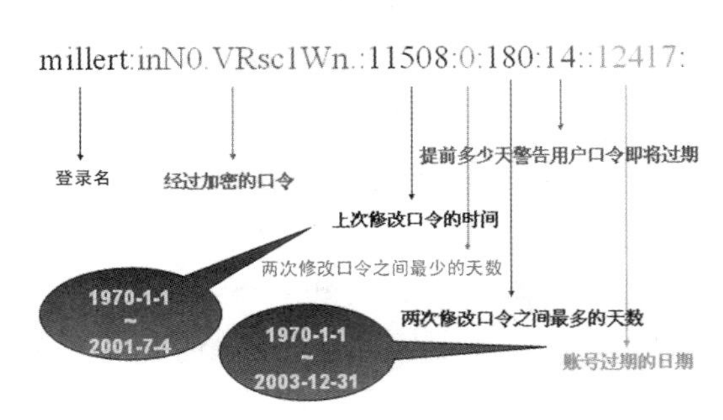

图 4-1 /etc/shadow 文件

登录名；
经过加密的口令；
上次修改口令的时间；
两次修改口令之间最少的天数；
两次修改口令之间最多的天数；
提前多少天警告用户口令即将过期；
在口令过期之后多少天禁用账号；
账号过期的日期；
保留字段，目前为空。
例如：

```
root@server:~# cat /etc/shadow|head -n 1
root:$6$jjwsPxXC$VA8t4X5JIJN2Yld894Mvo2IG/msD4Ac4FDDvdpZnLATs4mVPv0ekpm
9NHxuZPwcITD9gC2mNm3hDQAH4e8JJ./:15824:0:99999:7:::
```

3. login. defs 文件

该文件记录了生成一个新用户时所使用的参数。

```
james@client:~$ grep -v "^#" /etc/login.defs
......
PASS_MAX_DAYS   99999
PASS_MIN_DAYS   0
PASS_MIN_LEN   5
PASS_WARN_AGE   7
……
```

4. pwconv 文件

该文件的作用是使 shadow 文件的内容和 passwd 文件的内容保持一致，即补上任何在 passwd 中新加的用户，同时从 shadow 删除不在 passwd 中列出的用户。

pwconv 使用 login.defs 里指定的默认值来填充 shadow 文件里的参数。

5. /etc/group 文件

该文件包含了 UNIX 组的名称和每个组中的成员列表，每一行代表一个组，包括 4 个字段：

组名；

加密的口令；

GID 号；

成员列表。彼此用逗号隔开。例如：

配置文件 etc 下 group

```
用户james@client:~$ cat /etc/group|head -n 1
root:x:0:
```

4.2 管理命令

4.2.1 创建用户

建立一个可用的账号需要设置用户名和密码。在 Linux 中使用 useradd 命令新建用户，使用 passwd 命令建立用户的密码。

1. 添加用户

（1）添加新的用户账号使用 useradd 或 adduser 命令。

创建用户

语法如下：

```
adduser  <username>
```

实例：

```
adduser  newuser
```

#添加用户名为 newuser 的新用户

（2）adduser 命令的配置文件。

```
/etc/adduser.conf是adduser命令的配置文件。该文件中的一些有效参数如下：
        FIRST_UID=1000
        LAST_UID=29999
        USERS_GID=100
       DHOME=/home
       DSHELL=/bin/bash
       SKEL=/etc/skel
```

添加一个新用户时，Linux 系统会将/etc/skel 目录下的所有文件、目录都复制到新建用户的主目录下。这些文件都是一些配置文件，例如，.bashrc 是 bash 的配置文件，vimrc 为 vi 的配置文件。常用的配置文件有如下几种。

```
.bash_profile
.bashrc
.bash_logout
dircolors
.inputrc
.vimrc
```

2. 设置初始口令

使用 passwd 命令可以修改用户口令，root 用户可以修改任何用户的口令。语法如下：

```
passwd  [-k] [-l] [u] [-f] [-d] [-S]  username
```

3. 添加新用户的过程

（1）系统。

编辑 passwd 和 shadow 文件，定义用户账号；

设置一个初始口令；

创建用户主目录，用 chown 和 chmod 命令改变主目录的属主和属性。

（2）为用户所进行的步骤。

将默认的启动文件复制到用户主目录中；

设置用户的邮件主目录并建立邮件别名；

编辑 passwd 和 shadow。

（3）为管理员准备的步骤。

将用户添加到/etc/group 中；

配置磁盘限额；

核实账号是否设置正确；

将用户的联系信息和账号状态加入数据库。

删除用户

4.2.2 删除用户

删除用户账号使用 deluser 命令。语法如下：

```
deluser  <username>
```

例如，删除用户 user1，同时删除用户的工作目录，使用命令如下：

```
    deluser  --remove-home  user1
```

4.2.3 修改属性

修改用户属性使用 usermod 命令。语法如下：

```
usermod [-u uid [-o]] [-g group] [-G gropup,…]
                        [-d home [-m]] [-s Shell] [-c comment]
                        [-l new_name] [-f inactive][-e expire]
                        [-p passwd] [-L|-U] name
```

参数说明如下。

```
-c <备注>：修改用户账号的备注文字。
-d <登录目录>：修改用户登录时的目录。
-e <有效期限>：修改账号的有效期限。
-f <缓冲天数>：修改在密码过期后多少天即关闭该账号。
-g <群组>：修改用户所属的群组。
-G <群组>：修改用户所属的附加群组。
-l <账号名称> ：修改用户账号名称。
-L：锁定用户密码，使密码无效。
-s：修改用户登录后所使用的Shell。
-u：修改用户ID。
-U：解除密码锁定。
```

例：新建一个用户 user1，指定它的用户主目录、Shell，设置它所属的组。

```
usermod -g user1 -G root -d /root/user1  user1
```

4.2.4 组管理

每个用户都有一个用户组，通过用户组系统能对组中的所有用户进行集中管理。不同 Linux 系统对用户组的规定有所不同，如 Linux 下的用户属于和它同名的用户组，这个用户组在创建用户时同时创建。用户组的管理涉及用户组的添加、删除和修改。组的增加、删除和修改实际上就是对/etc/group 文件的更新。

（1）增加一个新的用户组用 groupadd 命令。语法如下：

```
groupadd [options] group
```

参数：

-g， --gid GID：指定新用户组的组标识号（GID）。

-o：一般和-g 选项同时使用，表示新用户组的 GID 可以和系统已有用户组的 GID 相同。

示例：

```
# groupadd -g 105 group //此命令向系统中增加了一个新组group，同时指定新组的组标识号是105。
```

（2）删除一个用户组使用 groupdel 命令。语法如下：

```
groupdel  用户组
```

示例：

```
groupdel group1  //删除group1用户组
```

（3）修改用户组的属性使用 groupmod 命令。其语法如下：

```
groupmod参数 用户组
```

组管理—添加、删除、修改

常用的参数：

-g GID：为用户组指定新的组标识号。

-o：和-g 选项同时使用，表示新用户组的GID 可以和系统已有用户组的 GID 相同。

-n：新用户组将用户组的名字改为新名字。

示例：

```
# groupmod -g 10001 -n group1 group //此命令将组group的标识号改为10001，组名修改为group1。
```

（4）用户在登录后，使用命令 newgrp 可以转换到其他用户组。语法如下：

```
newgrp [-] [group]
```

组管理—补充

例如：

```
$ newgrp root    //将当前用户转换到root用户组
```

4.2.5 用户间通信

write 命令可以帮助传递信息给同时登录系统的另一个用户，键入 EOF 表示信息结束，write 指令就会将信息传给对方，按【Ctrl+C】组合键可以结束会话。如果接收信息的用户不只登录本地主机一次，可以指定接收信息的终端机编号。若对方设定 mesg n，则此时信息将无法传递给对方，语法如下：

```
write user [ttyname]
```

参数：

user：预备传信息的用户账号。

ttyname：如果使用者同时有两个以上的 tty 连线，可以自行选择合适的 tty 传信息。

示例：

```
write jack   //传信息给jack，此时jack只有一个连线
write jack pts/2   //传信息给jack，jack的连线有pts/2、pts/3
```

4.3 磁盘配额

4.3.1 磁盘配额的概念

所谓磁盘配额就是管理员可以对本域中的每个用户所能使用的磁盘空间进行配额限制，即每个用户只能使用最大配额范围内的磁盘空间。磁盘配额

监视个人用户卷的使用情况，因此，每个用户对磁盘配额空间的利用都不会影响同一卷上其他用户的磁盘配额。一般而言，作为一台 Web 虚拟主机服务器，/home 和/www（或者类似的）是供用户存放资源的分区，所以可以对这两个分区进行磁盘配额。

对磁盘配额的限制一般是从一个用户占用磁盘大小和所有文件的数量两个方面来进行的。在具体介绍操作之前，我们先了解一下磁盘配额的两个基本概念：软限制和硬限制。

软限制：即一个用户在文件系统可拥有的最大磁盘空间和最多文件数量，在某个宽限期内可以暂时超过这个限制。

硬限制：一个用户可拥有的磁盘空间或文件的绝对数量，绝对不允许超过这个限制。

4.3.2 相关命令

磁盘配额使用的命令有两种，一种用于查询功能（例如 quota、quotachec k、quotastats、warnquota、requota），另一种则可编辑磁盘配额的内容（例如 edquota、setquota）。下面我们来分别讨论这些基本命令。

1. 激活 Linux 系统的配额功能

一般都是通过编辑/etc/fstab 后再重新载入文件系统的方法，来让系统的文件系统支持磁盘配额。

2. quota

使用 quota 命令可显示磁盘使用情况和限制情况，使用权限为超级用户。语法如下：

```
quota  [-g][-u][-v][-p]  用户名/组名
```

参数：

-g：显示用户所在组的磁盘使用限制。

-u：显示用户的磁盘使用限制。

-v：显示没有分配空间的文件系统的分配情况。

-p：显示简化信息。

3. quotacheck

quotacheck 命令用于扫描某个磁盘的配额空间，会针对分区进行扫描，扫描完毕后，扫描所得的磁盘空间结果会写入该区最顶端（aquota.user 与 aquota.group）。

语法：

```
quotacheck [-gucbfinvdmMR] [-F <quota-format>] filesystem|-a
```

参数：

-a：扫描所有在/etc/mtab 内含有磁盘配额支持的文件系统，加上此参数，可以不写/mount_point。

-d：扫描显示指令执行过程，便于排错或了解程序执行的情形。

-R：排除根目录所在的分区。

-v：显示扫描过程。

-u：针对用户扫描文件与目录的使用情况，会建立 quota.user。

-g：针对组扫描文件及与目录的使用情况，会建立 quota.group。

4. edquota

edquota 命令用于编辑用户或者用户组的磁盘配额数值。

语法：

```
edquota [-rm] [-u] [-F formatname] [-p username] [-f filesystem] username ...
edquota [-rm] -g [-F formatname] [-p groupname] [-f filesystem] groupname ...
edquota [-u|g] [-F formatname] [-f filesystem] -t
edquota [-u|g] [-F formatname] [-f filesystem] -T username|groupname ...
```

参数：

-u：配置用户的磁盘配额。

-g：配置组的磁盘配额。

-p：复制磁盘配额设定，从一个用户到另一个用户。

-t：修改宽限时间，可以针对分区。

示例：

```
# edquota -u user1   //配置user1的磁盘配额
# edquota -p user1 -u user2     //将user1的配置服务之user2
```

5. quotaon

quotaon 命令用于启动磁盘配额，启动 aquota.group 与 aquota.user。

语法：

```
quotaon [-guvp] [-F quotaformat] [-x state] -a
quotaon [-guvp] [-F quotaformat] [-x state] filesys ...
```

参数：

-u：针对用户启动磁盘配额。

-g：针对用户组启动磁盘配额。

-v：显示启动过程的相关信息。

-a：根据/etc/mtab 内的文件系统设置启动相关的磁盘配额，若不加-a 的话，则后面就需要加上特定的文件系统。

示例：

```
#quota -avug     //启动所有的磁盘配额
#quota -uv   /dir      //启动/dir里面的用户磁盘配额设置
```

6. quotaoff

quotaoff 命令用于关闭磁盘配额。

语法：

```
quotaoff [-guvp] [-F quotaformat] [-x state] -a
quotaoff [-guvp] [-F quotaformat] [-x state] filesys ...
```

参数：

-a：全部文件系统的磁盘配额都关闭。

-u：关闭用户的磁盘配额。

-g：关闭组的磁盘配额。

示例：

```
#quotaoff -a     //全部关闭
#quotaoff   -u  /dir      //关闭/dir的用户磁盘配额设置值
```

4.3.3 应用实例

1. 设置磁盘配额的步骤

（1）修改 /etc/fstab 文件。

（2）重新挂载文件系统。

（3）创建配额文件。

（4）设置配额限制。

（5）开启配额限制。

（6）设置开机启用 quota 配额。

2. 实例：对 Ubuntu 中的/home 目录进行磁盘配额设置

（1）首先设置 Ubuntu 登录模式为文本模式，否则登录用户目录下的.gvfs 权限不够，无法修改。修改方法如下：

```
vi /etc/default/grub     // 打开grub配置文件，在相对应的启动选项中找到"quiet splash"，其中splash是设置启动画面，可留可不留。不留的话就直接把splash改成text，留的话就是"quiet splash text"。
```

重新启动系统就直接进入文本模式了！

（2）修改/etc/fstab 文件，让/home 分区支持 quota。修改后 fstab 文件内容如下（其中 usrquota 是针对用户进行限额的，grpquota 是针对组进行限额的）。

```
james@ubuntu:~$ cat   /etc/fstab

# /etc/fstab: static file system information.

#

# Use 'blkid' to print the universally unique identifier for a

# device; this may be used with UUID= as a more robust way to name devices

# that works even if disks are added and removed. See fstab(5).
```

```
#
# <file system> <mount point>   <type>  <options>       <dump>  <pass>
proc            /proc           proc    nodev,noexec,nosuid 0       0
# / was on /dev/sda4 during installation
UUID=5ed13f66-2418-4705-83be-91e59b8914fa /               ext4
errors=remount-ro 0       1
# /home was on /dev/sda8 during installation
UUID=1c7eab8b-a78d-4e57-877b-6d96f8bda31d /home           ext4
defaults,usrquota,grpquota        0       2
# swap was on /dev/sda7 during installation
UUID=1f5eda5a-95b2-4ce4-a76b-205c89cf6024 none            swap    sw              0
0
```

（3）重新加载/home 文件系统。执行命令：

```
root@li379-6:/dev# mount -o remount /home
```

（4）创建配额文件。

```
[root@rhel5~]# quotacheck -cumg /home
[root@rhel5~]# ls /home
aquota.group  aquota.user  kunyuan  ky  kyhack  lost+found  user1  user2
```

从上面可以看出此时已经产生了 aquota.group 和 aquota.user 这两个文件了。

（5）设置配额限制。

现在就可以对用户或组进行配额的设置了。使用如下命令：

```
[root@rhel5~]# edquota -u user1     //对user1用户进行配额限制设置
Disk quotas for user user1 (uid 502):
  Filesystem          blocks     soft      hard      inodes     soft     hard
  /dev/hda6             32       25000     30000       4          0        0
// 注意一下，/dev/hda6是哪一个分区；blocks是这一个分区，用了多少空间；soft就是前
面说的软限制，再强调一下这个值一定要比hard值小；这里的单位是KB，别搞错了。
    （inodes   soft   hard）这后面的这一部分是针对文件数量来做限制的，由于不好控制，
一般都是限制空间大小。
[root@rhel5~]# edquota -p user1 -u user2     //将user1的配额设置复制给user2
[root@rhel5~]# edquota -g qgroup
Disk quotas for group qgroup (gid 502):
  Filesystem          blocks      soft      hard      inodes     soft     hard
  /dev/hda6             64       55000     60000      8      0        0
[root@rhel5~]# edquota-t          //设置超出软限制后的宽限时间，这里给改成3天
Grace period before enforcing soft limits for users:
Time units may be: days, hours, minutes, or seconds
```

```
  Filesystem              Block grace period       Inode grace period
  /dev/hda6                      3days                     7days
[root@rhel5~]# quota -vg qgroup          //查询一下组配额设置有没有设置进去
Disk quotas for group qgroup (gid 502):
     Filesystem  blocks   quota   limit   grace   files   quota   limit   grace

      /dev/hda6      64  550000  600000              8      0      0

[root@rhel5~]# quota  -vu user1 user2   //查询一下用户配额设置有没有设置进去

Disk quotas for user user1 (uid 502):

     Filesystem  blocks   quota   limit   grace   files   quota   limit   grace

      /dev/hda6      32   25000   30000              4      0      0

Disk quotas for user user2 (uid 503):

     Filesystem  blocks   quota   limit   grace   files   quota   limit   grace

      /dev/hda6      32   25000   30000              4      0      0
```

（6）启用 quota 的限额。

```
[root@rhel5~]# quotaon -avug

/dev/hda6 [/home]: group quotas turned on

/dev/hda6 [/home]: user quotas turned on

//看到上面有个turned on的出现，就是成功的意思啦！
```

（7）设置开机启用 quota 配额。

```
[root@rhel5~]# vi /etc/rc.d/rc.local
/sbin/quotaon-avug        //在后面加上这一句
```

显示更完整的 quota 结果报告：

```
[root@rhel5~]# repquota -aug
*** Report for user quotas on device /dev/hda6

Block grace time: 3days; Inode grace time: 7days

                          Block limits                    File limits

User              used    soft    hard  grace    used  soft  hard   grace

----------------------------------------------------------------------

root        --  184292      0       0              6     0     0

ky          --      40      0       0              5     0     0

kunyuan     --      32      0       0              4     0     0
```

```
user1       --      32   25000   30000                4     0     0
user2       --      32   25000   30000                4     0     0



*** Report for group quotas on device /dev/hda6
Block grace time: 7days; Inode grace time: 7days
                     Block limits                  File limits
Group                 used     soft      hard   grace    used   soft   hard   grace
----------------------------------------------------------------------
root       --   184292        0         0                6     0     0
ky          --       40        0         0                5     0     0
kunyuan    --       32        0         0                4     0     0
qgroup     --       64   550000   600000                8     0     0
```

思考与练习

1．用户与组的概念是什么？

2．如何理解相关的配置文件的，如/etc/passwd 文件、/etc/shadow 文件等？

3．如何创建一个用户、删除一个用户、如何管理一个组？

4．如何理解磁盘配额的概念？

PART05

第5章

Linux文件系统

■ 在 Linux 操作系统中，我们常说“一切皆文件”。要想更好地了解 Linux 系统，应当对其文件系统有一定的了解。因为文件系统的实现比较复杂，所以这一章不会花大量的篇幅介绍文件系统的原理，而是会将 Linux 文件系统的框架做一个概述，最后我们会自己动手做一个根文件系统，让读者对 Linux 文件系统有一个更深层次的认识。

5.1 文件和目录

文件是一个具有符号名字的一组相关联元素的有序序列。文件可以包含的内容范围非常广泛。系统和用户都可以将具有一定独立功能的一个程序模块、一组数据或一组文字命名为一个文件。在计算机里看见的东西都叫文件。文件是以单个名称在计算机上存储的信息集合。文件可以是文本文档、图片、程序等。

文件有很多种，运行的方式也各不同。一般来说，可以通过文件名来识别这个文件是哪种类型的，特定的文件都会有特定的图标，也只有安装了相应的软件，才能正确显示这个文件的图标。

5.1.1 Linux 文件的分类

在 Windows 系统下的文件是通过其后缀名来分类的，例如：xxx.txt、xxx.doc、xxx.ppt 等。在 Linux 操作系统下则不是这样，它不以后缀名来区分文件的类型。

前面我们学过 Linux 的一些基本命令，例如 ls -l 这条命令，通过它即可知道文件的类型，如图 5-1 所示。

图 5-1 查看文件类型

在 Linux 系统中每一种文件的类型都用一个字符进行标识，主要有 7 种类型，可以简单地记忆为 b、c、d、-、l、p、s。每个字符所代表的含义如表 5-1 所示。

表 5-1 文件类型分类

文件类型	类型符号	描述
普通文件	-	指 ASCII 文本文件、二进制可执行文件，以及硬链接文件
块设备文件	b	块输入/输出设备文件
字符设备文件	c	原始输入/输出设备文件，每次 I/O 操作仅送一个字符
目录文件	d	包含若干文件或子目录

续表

文件类型	类型符号	描述
符号链接文件	l	只保留了所指向文件的地址，而不是文件本身
管道文件	p	用于进程间通信的管道文件
套接字文件	s	套接字是方便进程之间通信的特殊文件。与管道文件不同的是，套接字能通过网络连接使不同计算机的进程之间进行通信

5.1.2 Linux 目录结构

目录是一类特殊的文件，利用它可以构成文件系统的分层树型结构。如同普通文件那样，目录文件也包含数据；但目录文件与普通文件的差别是，目录对这些数据加以结构化，它是由成对的“i 节点号/文件名”构成的列表。

（1）i 节点（Inode，全称 Index Node，即索引节点）号是检索 i 节点表的下标，i 节点中存放有文件的状态信息。

（2）文件名是给一个文件分配的文本形式的字符串，用来标识该文件。在一个指定的目录中，任何两项都不能有同样的名字。

每个目录的第一项都表示目录本身，并以“.”作为它的文件名。每个目录的第二项的名字是“..”，表示该目录的上一级目录，如图 5-2 所示。当把文件添加到一个目录中的时候，该目录的大小会增长，以便容纳新文件名。当删除文件时，目录的尺寸并不减少，只是会对该目录项做上特殊标记，以便下次添加一个文件时重新使用它。

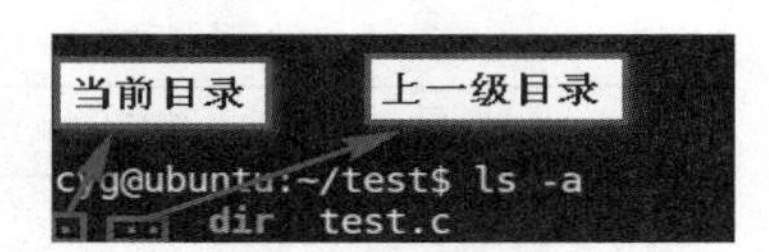

图 5-2　目录中的文件

Linux 文件系统采用带链接的树型目录结构，即只有一个根目录（通常用“/”表示），其中含有下级子目录或文件的信息；子目录中又可含有更下级的子目录或者文件的信息。这样一层一层地延伸下去，构成一棵倒置的树，如图 5-3 所示。

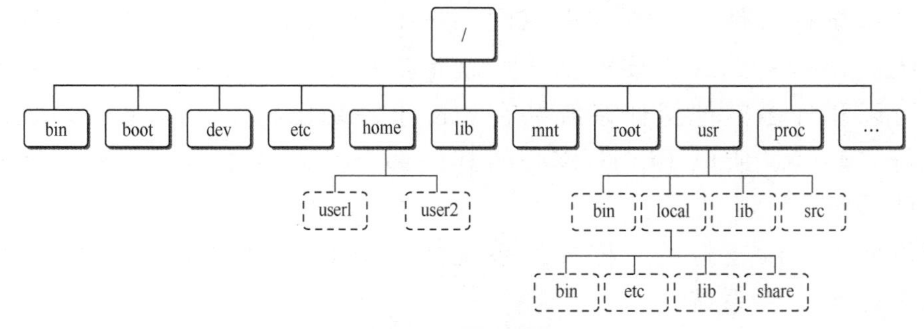

图 5-3　根目录结构

在目录树中，根节点和中间节点都必须是目录，而普通文件和特殊文件只能作为“叶子”出现。当然，目录也可以作为“叶子”。

Linux 系统的每个目录都有不同的功能，这里只简单介绍其主要目录及其功能，如表 5-2 所示。

表 5-2　根目录下文件功能说明

目录	功能说明
/etc	存放系统配置文件
/bin	常用命令存放目录
/sbin	存放指令文件（适用于 root 用户的）
/home	用户主目录，新建用户后，该用户的源文件默认建立在此目录下
/boot	包含内核和启动文件
/dev	设备文件存放目录（用于和底层驱动打交道）
/usr	应用程序放置目录
/mnt	挂载目录
/root	root 用户主目录
/proc	process 的缩写，主要描述系统进程的详细信息
/lib	常用库文件的目录
/lost+found	在该目录中可找到一些误删除或丢失的文件，并恢复它们

文件系统目录结构

这么多的文件和目录，Linux 操作系统是如何对它们进行管理的呢？这一切都要归功于文件系统，接下来我们就来看看 Linux 支持的文件系统类型。

5.2　文件系统

文件系统指文件存在的物理空间。在 Linux 系统中，每个分区都有一个文件系统。Linux 的最重要特征之一就是支持多种文件系统，这使它更加灵活，并可以和许多其他操作系统共存。由于系统已将 Linux 文件系统的所有细节进行了转换，所以 Linux 核心的其他部分及系统中运行的程序将看到统一的文件系统。

这里将 Linux 支持的一些文件系统做一个罗列，大体可以分为以下几类。

（1）磁盘文件系统。

指本地主机中实际可以访问到的文件系统，包括硬盘、CD-ROM、DVD、

USB存储器、磁盘阵列等。常见文件系统格式有autofs、coda、Ext（Extended File System，扩展文件系统）、Ext2、Ext3、VFAT、ISO9660（通常是CD-ROM）、UFS（UNIX File System，UNIX文件系统）、ReiserFS、XFS、JFS、FAT（File Allocation Table，文件分配表）、FAT16、FAT32、NTFS（New Technology File System）等。

（2）网络文件系统。

网络文件系统是一种可以远程访问的文件系统。这种文件系统在服务器端仍是本地的磁盘文件系统，但客户机可通过网络远程访问数据。常见的文件系统格式有NFS（Network File System，网络文件系统）、Samba（SMB/CIFS）、AFP（Apple Filling Protocol，Apple文件归档协议）和WebDAV等。

（3）专有/虚拟文件系统。

不驻留在磁盘上的文件系统。常见格式有TMPFS（临时文件系统）、PROCFS（Process File System，进程文件系统）和LOOPBACKFS（Loopback File System，回送文件系统）。

5.3 文件系统体系结构

在学习文件系统体系结构之前，首先要了解一下Linux用户空间和内核空间与文件系统相关的部分。图5-4显示了用户空间和内核中与文件系统相关的主要组件之间的关系。

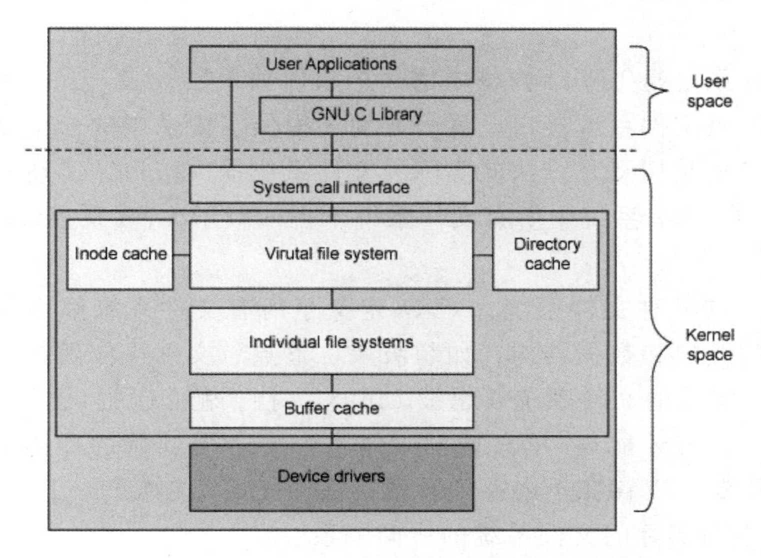

图5-4 Linux文件系统组件的体系结构

用户空间包含一些应用程序（例如，文件系统的使用者）和 GNU C 库（glibc），它们为文件系统调用（打开、读取、写和关闭）提供了用户接口。系统调用接口的作用就像是交换器，它将系统调用从用户空间发送到内核空间中的适当端点。

VFS（Virtual File System）是底层文件系统的主要接口。这个组件导出一组接口，然后将它们抽象到各个文件系统，各个文件系统的行为可能差异很大。有两个针对文件系统对象的缓存（inode 和 dentry）。它们会缓存最近使用过的文件系统对象。

每个文件系统实现（如 Ext2、JFS 等）导出一组通用接口，供 VFS 使用。缓冲区缓存会缓存文件系统和相关块设备之间的请求。例如，对底层设备驱动程序的读写请求会通过缓冲区缓存来传递。这就允许在其中缓存请求，从而减少访问物理设备的次数，加快访问速度。

Linux 系统允许众多不同种类的文件系统共存，如 Ext3、vfat 等。通过使用同一套文件 I/O 系统调用，即可对 Linux 中的任意文件进行操作，而无需考虑其所在的文件系统的具体格式。此外，Linux 还支持跨文件系统的文件操作，即对文件的操作可以跨文件系统进行。如图 5-5 所示，实现这种操作的机制正是虚拟文件系统。

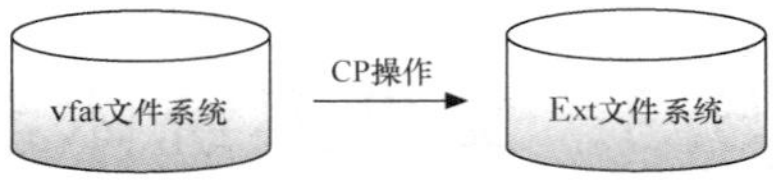

vfat文件系统 → CP操作 → Ext文件系统

图 5-5　跨文件系统操作

Linux 文件系统分为三个部分，第一部分是 Virtual File System（VFS，虚拟文件系统），它是 Linux 文件系统对外的接口，任何要使用文件系统的程序都必须经由这层接口来使用它。另外两部分是属于文件系统的内部实现，分别是 Cache 和真正的文件系统（如 Ext3、vfat 等）。

虚拟文件系统是 Linux 内核中的一个软件抽象层，它一方面用于给用户空间的程序提供文件系统接口，另一方面还提供了内核中的一个抽象功能，它通过一些数据结构及其方法向实际的文件系统提供接口，实现不同文件系统在 Linux 中共存。系统中所有文件系统不但依赖于 VFS 共存，同时也要依靠 VFS 协同工作。

为了能支持各种文件系统，VFS 定义了所有文件系统都必须支持基本的、概念上的接口和数据结构，如超级块、节点、文件操作函数入口等。换句话说，一个实际的文件系统要想被 Linux 支持，就必须提供一个符合 VFS 标准的接口，这样才能与 VFS 协同工作。VFS 不是实际的操作系统，它只是一种转换机制，仅存在于内存中，不存在于任何外存空间。图 5-6 展示了 VFS 在内核中与实际的文件系统的协同关系。

在了解了文件系统的概念后，接下来我们手动做一个文件系统。

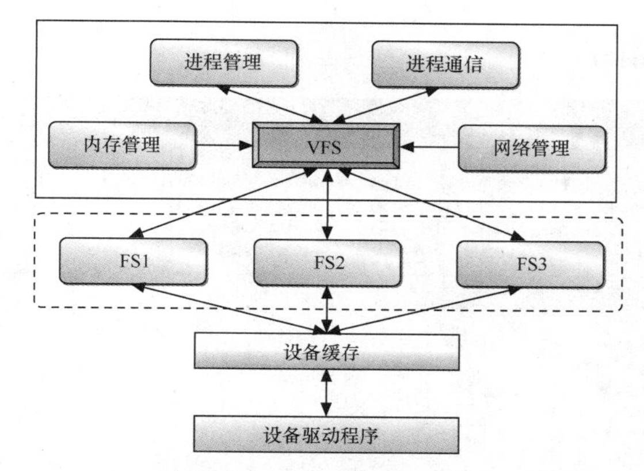

图 5-6 VFS 在内核中与实际的文件系统的协同关系图

5.4 使用 BusyBox 制作根文件系统

BusyBox 是很多标准 Linux 工具的一个单个可执行实现。BusyBox 包含了一些简单的工具，例如 cat 和 echo，还包含了一些更大、更复杂的工具，例如 grep、find、mount 以及 telnet（不过它的选项比传统的版本要少）。有些人将 BusyBox 称为 Linux 工具里的瑞士军刀。

根文件系统首先是一种文件系统，但是相对于普通的文件系统，它有特殊之处。这特殊之处在于，它是内核启动时所挂载（mount）的第一个文件系统，内核代码映像文件保存在根文件系统中，而系统引导启动程序会在根文件系统挂载之后从中把一些基本的初始化脚本和服务等加载到内存中去运行。

了解完根文件系统的基本概念后，读者可以按照以下步骤，自己动手做一个根文件系统，加深对 Linux 文件系统的了解。

5.4.1 配置与编译 BusyBox

首先需要下载 BusyBox 源码，读者可以去 http://busybox.net/downloads/ 下载，在这里笔者选择的是 busybox-1.17.3.tar.bz2。

第一步：将下载的源码解压。

```
tar -jxvf busybox-1.17.3.tar.bz2
```

第二步：配置 BusyBox。

进入 BusyBox 源码目录，输入 make menuconfig，可以看到图 5-7 所

示的界面。

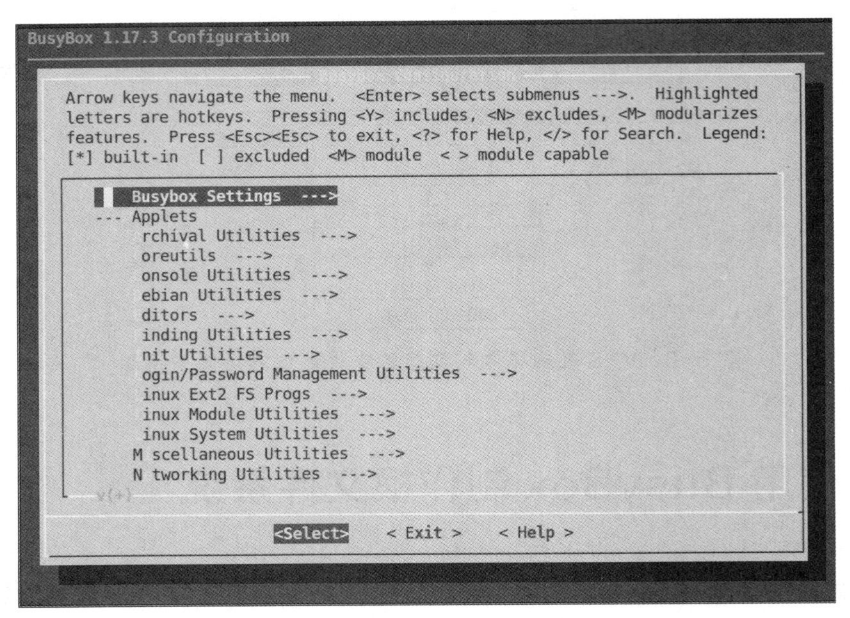

图 5-7 执行 make menuconfig

配置和编译 BusyBox

编译的时候，可以选择静态编译，这样做是为了让制作的根文件系统在使用时不依赖动态库。

如果选择动态编译，需要将必需的动态库复制过去。系统中一般没有安装 glibc 的静态库，需要手动安装，否则编译链接 crypt 和 m 库时会失败。

在这里选择动态编译，即不选中 Build BusyBox as a static binary。选项位置参见：

```
Busybox Settings→Build Options→[ ] Build BusyBox as a static binary (no shared libs) (NEW)
```

选择<Exit>退出，退到主界面的时候会提示是否需要保存，如图 5-8 所示，选择<Yes>保存。

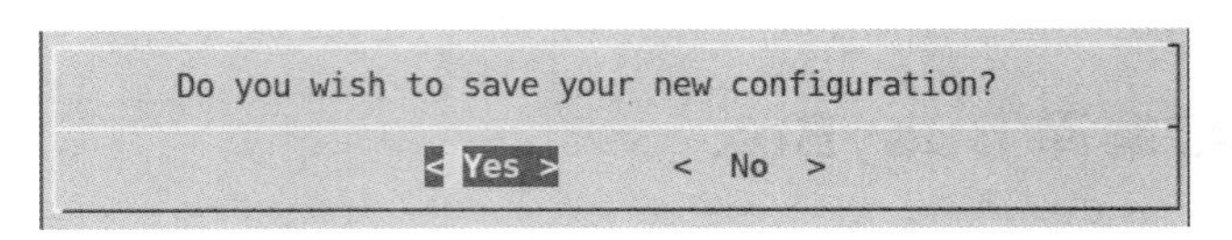

图 5-8 退出界面

第三步：输入 make 编译。

第四步：输入 make install 进行安装。

安装后在 BusyBox 源码目录下会生成一个_install 目录，进入_install 目录，可以看到如下子目录，如图 5-9 所示。

```
cyg@ubuntu:~/workdir/busybox/busybox-1.17.3/_install$ ls
bin  linuxrc  sbin
cyg@ubuntu:~/workdir/busybox/busybox-1.17.3/_install$
```

图 5-9 _install 目录

5.4.2 制作 initrd 镜像

initrd 的英文含义是 boot loader initialized RAM disk，表示启动初始化的内存盘。在 Linux 内核启动前，bootloader 会将 initrd 加载到内存中，因此，内核在访问真正的根文件系统前会访问内存中的 initrd 文件系统。

我们已经在 BusyBox 源码目录下生成了_install 目录，在这个目录下，有根文件需要的 Shell 和基本的命令，但一个完善的根文件系统还需要其他的一些内容。下面继续来完善根文件系统。

第一步：在用户主目录下，新建一个目录叫 rootfs，将 BusyBox 源码目录下_install 的内容全部复制到该目录。

例如，我的用户主目录是/home/cyg，使用如下命令：

```
cyg@ubuntu:~/workdir/busybox/busybox-1.17.3$ mkdir /home/cyg/rootfs
cyg@ubuntu:~/workdir/busybox/busybox-1.17.3$ cp  ./_install/* /home/cyg/rootfs/  -a
cyg@ubuntu:~/workdir/busybox/busybox-1.17.3$ cd /home/cyg/rootfs/
cyg@ubuntu:~/rootfs$
```

第二步：添加根文件系统必要的目录。

根文件系统主要包括以下目录：

```
dev  etc lib  proc  bin  sbin  sys
```

在 rootfs 目录下新建 dev、etc、lib、proc、sys 目录，执行命令如下：

```
cyg@ubuntu:~/rootfs$ mkdir dev proc etc lib sys
cyg@ubuntu:~/rootfs$ ls
bin  dev  etc  lib  Linuxrc  proc  sbin  sys
cyg@ubuntu:~/rootfs$
```

第三步：添加相应的配置信息。

（1）将 BusyBox 源码 examples/bootfloppy/etc 目录下的所有内容，复制到之前在用户主目录创建的 rootfs/etc 目录下。

```
cyg@ubuntu:~/workdir/busybox$ cd busybox-1.17.3/
cyg@ubuntu: ~ /workdir/busybox/busybox-1.17.3$cp  examples/bootfloppy/etc/* /home/cyg/rootfs/etc/ -a
cyg@ubuntu:~/workdir/busybox/busybox-1.17.3$ cd /home/cyg/rootfs/etc/
cyg@ubuntu:~/rootfs/etc$
```

（2）修改 rootfs/etc/fstab 文件，如图 5-10 所示。

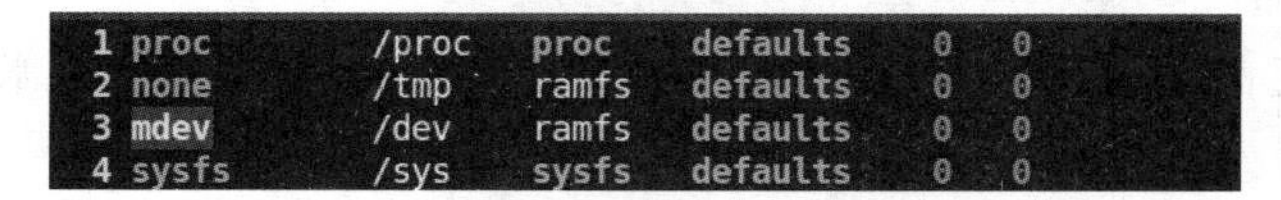

```
1 proc     /proc  proc   defaults  0  0
2 none     /tmp   ramfs  defaults  0  0
3 mdev     /dev   ramfs  defaults  0  0
4 sysfs    /sys   sysfs  defaults  0  0
```

图 5-10 修改 rootfs/etc/fstab 文件

（3）修改 roofs/etc/profile 文件，修改如下：

```
PATH=/bin:/sbin:/usr/bin:/usr/sbin                  //可执行程序 环境变量
export LD_LIBRARY_PATH=/lib:/usr/lib                //动态链接库 环境变量
PS1='[\u@\h \W]# '                                  //显示主机名、当前路径信息
```

（4）修改 rootfs/etc/inittab 文件，修改如下：

```
::sysinit:/etc/init.d/rcS
::respawn:-/bin/sh
tty2::askfirst:-/bin/sh
::ctrlaltdel:/bin/umount -a-r
```

（5）修改 rootfs/etc/init.d/rcS 文件，修改如下：

```
#! /bin/sh
echo "*************************************"
echo "Linux farsight  system"
echo "*************************************"
```

根文件系统所必须有的文件

（6）添加所需要的库。

前面配置时选择的是动态编译，所以 BusyBox 在运行时需要相应动态库的支持，可以通过 readelf -d busybox 来获取它所依赖的库，如图 5-11 所示。

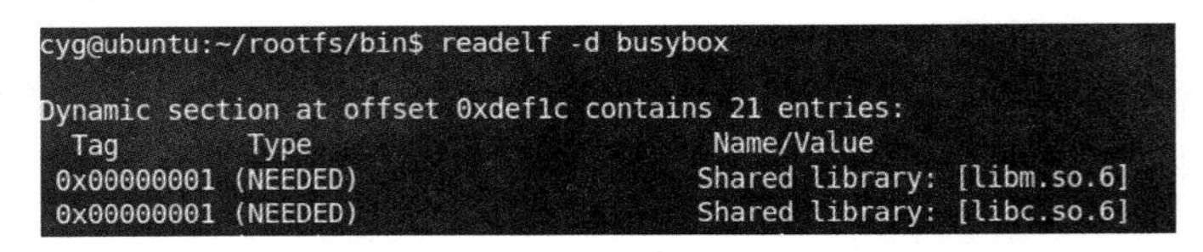

```
cyg@ubuntu:~/rootfs/bin$ readelf -d busybox

Dynamic section at offset 0xdef1c contains 21 entries:
  Tag        Type                         Name/Value
 0x00000001 (NEEDED)                     Shared library: [libm.so.6]
 0x00000001 (NEEDED)                     Shared library: [libc.so.6]
```

图 5-11 获取依赖的库

在 Ubuntu 系统的/lib 和/lib/i386-Linux-gnu 目录下有我们所需要的库，按如下方式复制库到 rootfs/lib 目录下。

```
cyg@ubuntu:~$ cd rootfs/
cyg@ubuntu:~/rootfs$ cp /lib/ld-Linux.so.2 ./lib
cyg@ubuntu:~/rootfs$ cp /lib/i386-Linux-gnu/libc.so.6 ./lib
cyg@ubuntu:~/rootfs$ cp /lib/i386-Linux-gnu/libm.so.6 ./lib
cyg@ubuntu:~/rootfs$ cp /lib/i386-Linux-gnu/libcrypt.so.1 ./lib
```

（7）添加所需的设备文件到 rootfs/dev 目录下。

```
cyg@ubuntu:~/rootfs$ sudo cp /dev/console ./dev/ -a
cyg@ubuntu:~/rootfs$ sudo cp /dev/null ./dev/   -a
cyg@ubuntu:~/rootfs$ sudo cp /dev/zero  ./dev/   -a
cyg@ubuntu:~/rootfs$ sudo cp /dev/*tty*  ./dev/  -a
cyg@ubuntu:~/rootfs$ sudo cp /dev/ram*  ./dev/  -a
```

第四步：制作 Ramdisk 文件系统镜像。

Ramdisk 文件系统也叫内存文件系统。在 Linux 中可以将一部分内存当做分区来用，称之为 Ramdisk。

（1）制作一个大小为 8M 的镜像文件。

```
cyg@ubuntu:~$ cd rootfs/
cyg@ubuntu:~/rootfs$ cp /lib/ld-Linux.so.2 ./lib/
cyg@ubuntu:~/rootfs$ cp /lib/i386-Linux-gnu/libc.so.6 ./
cyg@ubuntu:~/rootfs$ cp /lib/i386-Linux-gnu/libm.so.6 ./
cyg@ubuntu:~/rootfs$ cp /lib/i386-Linux-gnu/libcrypt.so.1 ./
```

（2）格式化这个镜像文件为 ext2 格式。

```
cyg@ubuntu:~$ mkfs.ext2 -F myinitrd.img
mke2fs 1.41.12 (17-May-2010)
文件系统标签=
操作系统:Linux
块大小=1024 (log=0)
分块大小=1024 (log=0)
Stride=0 blocks, Stripe width=0 blocks
2048 inodes, 8192 blocks
409 blocks (4.99%) reserved for the super user
第一个数据块=1
Maximum filesystem blocks=8388608
1 block group
8192 blocks per group, 8192 fragments per group
2048 inodes per group
正在写入inode表： 完成
Writing superblocks and filesystem accounting information: 完成
This filesystem will be automatically checked every 35 mounts or
180
```

（3）在/mnt 目录下新建 initrd 目录作为挂载点。

```
cyg@ubuntu:~$ sudo mkdir /mnt/initrd
```

（4）将当前目录下的 myinitrd.img 挂载到/mnt/initrd 目录。

```
cyg@ubuntu:~$ sudo mount -t ext2 -o loop myinitrd.img /mnt/initrd/
```

（5）将 rootfs 目录下的所有内容复制到/mnt/initrd 目录。

```
cyg@ubuntu:~$ sudo cp rootfs/* /mnt/initrd/ -a
```

（6）卸载/mnt/initrd。

```
cyg@ubuntu:~$ sudo umount /mnt/initrd/
```

到这里，用 BusyBox 制作的文件系统的所有内容都已经放在镜像文件 myinitrd.img 中了。

第五步：用 Ubuntu 自带的 Linux 内核挂载 myinitrd.img。

（1）将制作好的 myinitrd.img 复制到 Ubuntu 系统的/boot 目录下。

```
cyg@ubuntu:~$ sudo cp myinitrd.img /boot/
```

（2）修改 Ubuntu 系统 /boot/grub/grub.cfg 配置文件，添加自己的启动项，如图 5-12 所示。

```
menuentry "Farsight Ubuntu" {
    insmod part_msdos
    insmod ext2
    set root='(hd0,msdos5)'
    linux /vmlinuz-2.6.35-22-generic rw root=/dev/ram0 rootfs_size=8M
    initrd /myinitrd.img
}
```

不同的Ubuntu版本使用的Linux内核不一样，请填写自己的Ubuntu系统Linux内核

图 5-12　添加启动项

（3）重新启动 Ubuntu 系统，如果读者是在 VMware Workstation 上安装 Ubuntu 系统，可以在 VMware Workstation 加载系统的时候，按下【Shift】键进入 grub 界面，然后选择自己的启动项进入，如图 5-13 所示。

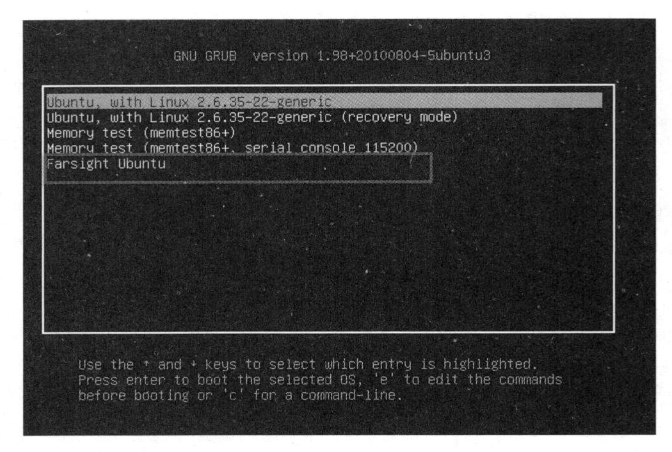

图 5-13 选择启动项

成功启动后，可以看到图 5-14 所示的信息。

```
[    1.958403] BIOS EDD facility v0.16 2004-Jun-25, 0 devices found
[    1.958481] EDD information not available.
[    1.958559] md: Waiting for all devices to be available before autodetect
[    1.958637] md: If you don't use raid, use raid=noautodetect
[    1.958715] md: Autodetecting RAID arrays.
[    1.958794] md: Scanned 0 and added 0 devices.
[    1.958872] md: autorun ...
[    1.958950] md: ... autorun DONE.
[    1.959028] RAMDISK: ext2 filesystem found at block 0
[    1.959106] RAMDISK: Loading 8192KiB [1 disk] into ram disk... done.
[    2.009324] VFS: Mounted root (ext2 filesystem) on device 1:0.
[    2.009402] devtmpfs: mounted
[    2.009480] Freeing unused kernel memory: 684k freed
[    2.009558] Write protecting the kernel text: 4932k
[    2.009636] Write protecting the kernel read-only data: 1976k
*************************************
linux CYG  system
*************************************
Set user path in /etc/profile
Set PS1 in /etc/profile
Done
```

图 5-14 启动后界面

思考与练习

1. 什么是文件目录？
2. 什么是文件系统？
3. 什么是虚拟文件系统？
4. Linux 文件系统的结构是怎样的？

PART06

第6章

Linux网络配置管理

■ Linux 具有强大的网络功能，完美地支持 TCP/IP 协议。Linux 提供了很多完善的网络管理工具，可以帮助用户轻松完成各种复杂的网络配置，实现任何所需要的网络服务。本章主要介绍 Linux 网络的基本配置和 Linux 下常用网络服务的开启。

6.1 网络基础知识介绍

本节主要介绍 IP 地址、子网掩码、网关、DNS 服务器等一些网络基本知识，让读者对它们有一个清晰的认识，以便于进行 Linux 网络配置。

6.1.1 IP 地址

在网络中，IP 地址是主机的唯一标识。例如 A 主机向 B 主机发送数据包，A 主机必须要知道 B 主机的地址。IP 地址通常用“.”隔开的 4 个十进制数表示，称为点分十进制表示，如 IP 地址 0x81124c15（十六进制）通常写成 129.18.76.21。

IP 地址的配置

IP 地址由两部分组成：网络（network）地址和主机（host）地址。网络地址由 IP 地址的高位组成，主机地址由低位组成，这两部分的大小取决于网络的类型。

IP 地址根据网络地址的不同，主要分为 A 类、B 类、C 类、D 类、E 类。

1. A 类 IP 地址

一个 A 类 IP 地址由 1 字节网络地址和 3 字节主机地址组成，网络地址的最高位必须是“0”，地址范围从 1.0.0.0 到 126.0.0.0。可用的 A 类网络有 126 个，每个网络能容纳 1 亿多个主机。

2. B 类 IP 地址

一个 B 类 IP 地址由 2 个字节的网络地址和 2 个字节的主机地址组成，网络地址的最高位必须是“10”，地址范围从 128.0.0.0 到 191.255.255.255。可用的 B 类网络有 16382 个，每个网络能容纳 6 万多个主机。

3. C 类 IP 地址

一个 C 类 IP 地址由 3 字节的网络地址和 1 字节的主机地址组成，网络地址的最高位必须是“110”，范围从 192.0.0.0 到 223.255.255.255。C 类网络可达 209 万余个，每个网络能容纳 254 个主机。

4. D 类地址用于组播

D 类 IP 地址第一个字节以“1110”开始，它是一个专门保留的地址。它并不指向特定的网络，目前这一类地址被用在组播中。组播地址用来一次寻址一组计算机，它标识共享同一协议的一组计算机。

5. E 类 IP 地址

以“1110”开始，为将来使用保留。

6.1.2 子网掩码

子网掩码（Subnet Mask）又叫网络掩码，一般构成是网络地址部分全是“1”，主机地址全是“0”。例如，C 类 IP 地址 192.168.1.134 用三个字节标识网络地址，一个字节标识主机地址，所以其子网掩码为 255.255.255.0（默认子网掩码）。

子网掩码的一个主要作用就是判别主机发送的数据包是向外网发送，还是向内网发送。例如主机 A 向主机 B 发送数据包，主机 A 先将自己的子网络掩码和目标主机的 IP 地址做与操作。由于子网掩码的网络地址部分全是“1”，主机地址全是“0”，这样与操作结果就是网络地址。

例如，IP 地址为 192.168.0.115，主机的子网掩码是 255.255.255.0，拿 IP 地址和子网掩码做与操作的结果是 192.168.0.0，此即 IP 地址所在的网络地址。

A 主机得到网络地址后，就拿得到网络地址和 B 所在网络地址做对比，如果网络地址相同，就说明 B 主机和 A 主机在同一个网络，数据包向内网发送；如果不相同，则向外网发送，即发送到网关。

6.1.3 网关

网关（Gateway）又称网间连接器、协议转换器。网关主要用在传输层上以实现网络连接，是最复杂的网络互联设备，仅用于两个高层协议不同的网络互联。网关既可以用于广域网互联，也可以用于局域网互联。网关是一种充当转换重任的计算机系统或设备。在使用不同的通信协议、数据格式或语言，甚至体系结构完全不同的两种系统之间，网关是一个翻译器。

下面举个例子来说明一下网关。例如在同一个教室里面的同学，他们之间可以相互交流，但是如果想和其他同学也（当面）聊天，就必须出教室的门。这个“门”就是我们所谓的网关。同样在网络中传输数据，如果想向外网传输数据，就必须经过网关。

那么网关到底是什么呢？网关实质上是一个网络通向其他网络的 IP 地址。比如有网络 A 和网络 B，网络 A 的 IP 地址范围为“192.168.1.1～192.168.1.254”，子网掩码为 255.255.255.0；网络 B 的 IP 地址范围为“192.168.2.1～192.168.2.254”，子网掩码为 255.255.255.0。在没有路由器的情况下，两个网络之间是不能进行 TCP/IP 通信的，即使两个网络连接在同一台交换机（或集线器）上，TCP/IP 协议也会根据子网掩码（255.255.255.0）判定两个网络中的主机处在不同的网络里。而要实现这两个网络之间的通信，则必须通过网关。如果网络 A 中的主机发现数据包的目的主机不在本地网络中，就把数据包转发给它自己的网关，再由网关转发给网络 B 的网关，网络 B 的网关再转发给网络 B 的某个主机。

所以说，只有设置好网关的 IP 地址，TCP/IP 协议才能实现不同网络之间的相互通信。那么这个 IP 地址是哪台机器的 IP 地址呢？网关的 IP 地址是具有路由功能的设备的 IP 地址，具有路由功能的设备有路由器、启用了路由协议的服务器（实质上相当于一台路由器）、代理服务器（也相当于一台路由器）。

6.1.4 DNS 服务器

DNS 服务器是计算机域名系统（Domain Name System 或 Domain Name Service）的缩写，它是由解析器和域名服务器组成的。域名服务器是指保存有该网络中所有主机的域名和对应 IP 地址，并且可将域名转换为 IP 地址功能的服务器。其中，域名必须对应一个 IP 地址，而 IP 地址不一定有域名。域名系统采用类似目录树的等级结构。域名服务器为客户机/服务器模式中的服务器方，它主要有两种形式：主服务器和转发服务器。将域名映射为 IP 地址的过程称为“域名解析”。

例如，我们经常输入“www.baidu.com”，这里的“www.baidu.com”就是域名。如果想自己的计算机能成功地进入百度主页，那就必须设置好 DNS 服务器。主机在和百度服务器进行连接之前，必须通过域名服务器的解析，得到百度服务器实际的 IP 地址。

6.2 Linux 系统网络配置

通过前面的介绍，我们知道了如果想一台计算机能接入 Internet，必须配置好 IP 地址、子网掩码、网关、DNS 服务器。在 Linux 系统中，这些信息都可以通过修改对应的配置文件来进行配置。但很多时候修改配置文件比较繁琐，在有些场合也不是必须的，可能只是临时配置一下网路。在这种情况下，可以通过一些简单的命令来进行配置，例如常用的 ifconfig 命令。读者在掌握的时候，除了应知道怎样修改对应的配置文件外，一些常规的网络配置命令也应该重点掌握。

网络配置—图形化界面

6.2.1 ifconfig 命令

ifconfig 是 GNU/Linux 中配置网卡的基本命令，包含在 net-tools 软件包中。它可用于显示或设置网卡的配置，如 IP 地址、子网掩码、最大分组传输数、I/O 端口等，还可以启动或禁用网卡。

格式：ifconfig 命令有以下两种格式：

```
$ ifconfig   [interface]
$ ifconfig   interface [aftype] option | address…
```

例 6-1　在 Shell 终端上输入 ifconfig

```
cyg@ubuntu:~$ ifconfig
eth0        Link encap:以太网  硬件地址00:0c:29:42:f5:e8
            inet地址:192.168.0.100  广播:192.168.0.255  掩码:255.255.255.0
            inet6地址: fe80::20c:29ff:fe42:f5e8/64 Scope:Link
            UP BROADCAST RUNNING MULTICAST  MTU:1500  跃点数:1
            接收数据包:216354错误:0丢弃:0过载:0帧数:0
            发送数据包:23306错误:0丢弃:0过载:0载波:0
            碰撞:0发送队列长度:1000
            接收字节:19100956 (19.1 MB)  发送字节:7114800 (7.1 MB)
            中断:19基本地址:0x2000
lo          Link encap:本地环回
            inet地址:127.0.0.1  掩码:255.0.0.0
            inet6地址: ::1/128 Scope:Host
            UP LOOPBACK RUNNING  MTU:16436  跃点数:1
            接收
```

从上面的运行结果可以看出，主机有两个接口 eth0、lo。其中，lo 代表主机本身，也称回送接口（Loopback），其 IP 地址约定为 127.0.0.1。而 eth0 代表主机的第一个以太网卡，网卡的物理地址（HWaddr）为 00:0c:29:42:f5:e8，也称为 MAC 地址；IP 地址（inet addr）为 192.168.0.100；广播地址（Bcast）为 192.168.0.255；子网掩码（Mask）为 255.255.255.0。

下面我们就通过 ifconfig 命令来修改一些网络配置参数。

格式：网卡配置一个临时的 IP 地址：

```
$ sudo ifconfig eth0 ip
```

例 6-2　要配置网卡的 IP 地址为 192.168.0.101，可以在 Shell 终端上输入

```
$ sudo ifconfig eth0 192.168.0.101
$ ifconfig
```

再使用 ifconfig 命令查看网络配置，可以看到在终端上显示图 6-1 所示的信息。

```
cyg@ubuntu:~$ sudo ifconfig eth0 192.168.0.101
cyg@ubuntu:~$ ifconfig
eth0      Link encap:以太网  硬件地址 00:0c:29:42:f5:e8
          inet 地址:192.168.0.101  广播:192.168.0.255  掩码:255.255.255.0
          inet6 地址: fe80::20c:29ff:fe42:f5e8/64 Scope:Link
          UP BROADCAST RUNNING MULTICAST  MTU:1500  跃点数:1
          接收数据包:218398 错误:0 丢弃:0 过载:0 帧数:0
          发送数据包:23440 错误:0 丢弃:0 过载:0 载波:0
          碰撞:0 发送队列长度:1000
          接收字节:19674960 (19.6 MB)  发送字节:7134291 (7.1 MB)
          中断:19 基本地址:0x2000
```

图 6-1　使用 ifconfig 命令查看网络配置

这里的“sudo”表示临时获得超级用户权限。ifconfig 命令在进行修改

网络参数的时候必须要有超级用户权限。

格式：配置网卡的物理地址

```
ifconfig eth0 hw ether xx: xx: xx: xx: xx: xx
```

例 6-3　配置网卡的物理地址为 00:11:22:33:44:55，可以在 Shell 终端上输入

```
sudo ifconfig eth0 hw ether 00:11:22:33:44:55
```

在这里需要注意的是，当网卡没有被禁用的时候，是不能修改网卡的物理地址的，在修改之前必须先将网卡设备禁用。

例 6-4　在 Linux 下将一个网卡设备禁用和开启可以在终端上输入如下命令

```
sudo ifconfig eth0 down
sudo ifconfig eth0 up
```

第一条命令的功能是将网卡禁用，第二条命令的功能是将网卡启用。

现在读者可以按照图 6-2 进行操作，修改主机上网卡的物理地址。

```
linux@ubuntu:~$ sudo ifconfig eth0 down
linux@ubuntu:~$ sudo ifconfig eth0 hw ether  00:11:22:33:44:55
linux@ubuntu:~$ sudo ifconfig eth0 up
linux@ubuntu:~$ ifconfig
eth0      Link encap:以太网  硬件地址 00:11:22:33:44:55
          inet6 地址: fe80::211:22ff:fe33:4455/64 Scope:Link
          UP BROADCAST RUNNING MULTICAST  MTU:1500  跃点数:1
          接收数据包:1111219 错误:0 丢弃:0 过载:0 帧数:0
          发送数据包:73091 错误:0 丢弃:0 过载:0 载波:0
          碰撞:0 发送队列长度:1000
          接收字节:412433633 (412.4 MB)  发送字节:30611669 (30.6 MB)
          中断:19 基本地址:0x2000

lo        Link encap:本地环回
          inet 地址:127.0.0.1  掩码:255.0.0.0
          inet6 地址: ::1/128 Scope:Host
          UP LOOPBACK RUNNING  MTU:16436  跃点数:1
          接收数据包:2359 错误:0 丢弃:0 过载:0 帧数:0
          发送数据包:2359 错误:0 丢弃:0 过载:0 载波:0
          碰撞:0 发送队列长度:0
          接收字节:256645 (256.6 KB)  发送字节:256645 (256.6 KB)
```

图 6-2　修改主机上网卡的物理地址

6.2.2　修改配置文件来配置 IP 地址、网关、子网掩码

网络配置—命令行

要使配置永久有效，必须通过修改配置文件。无论是配置静态 IP 还是动态 IP，Ubuntu 系统都将配置信息存放在“/etc/network/interfaces”。在 Ubuntu 系统启动时就能获得 IP 地址的配置信息。若是配置静态 IP，就从配置文件中读取 IP 地址参数，直接配置网络接口设备；如果配置动态 IP，就通知主机通过 DHCP 协议获取网络配置。

以下分别为动态配置 IP 和静态配置 IP 时，修改“/etc/network/interfaces”的实例。

配置的时候请注意两点，第一点是在打开/etc/network/interfaces 文件

时，必须以超级用户权限打开，不然在修改完后是无法保存的；第二点是静态配置的时候，IP 地址、子网掩码和网关应该参考主机所在的实际网络环境。

1. 动态配置

```
cyg@ubuntu:~$ vi /etc/network/interfaces
#The loopback network interface
auto lo
iface lo inet loopback

#The primary network interface
auto eth0
iface eth0 inet dhcp
```

2. 静态配置

```
cyg@ubuntu:~$ vi  /etc/network/interfaces
#The loopback network interface
auto lo
iface lo inet loopback
#The primary network interface
auto eth0
iface eth0 inet static
address 192.168.1.100
netmask 255.255.255.0
gateway 192.168.1.1
```

以上两种配置方式，读者可以根据自己的喜好自行选择。注意，修改完配置文件后进行保存。

3. 使配置生效

刚修改完配置文件后，配置的参数并没有立即生效。需要手动在终端上输入“sudo /etc/init.d/networking restart”命令来生效配置。

```
Linux@ubuntu:~$ sudo /etc/init.d/networking restart
[sudo] password for Linux:
 * Running /etc/init.d/networking restart is deprecated because it may not enable again
some interfaces
 * Reconfiguring network interfaces...WARNING: ifup -a is disabled in favour of
NetworkManager.
  Set ifupdown:managed=false in /etc/NetworkManager/NetworkManager.conf.
[ OK ]
```

虽然配置好这些信息，但只能说明主机已经成功加入局域网，即和局域网内的其他主机可以直接通信了。要想进行像浏览网页这样的操作还是不行的，因为我们通常在浏览器上输入域名而不是实际的 IP 地址来登录网站，而域名需要 DNS 服务器来解析。只有正确配置好 DNS 服务器才可以正常地上网浏览网页。

6.2.3 配置 DNS 服务器

DNS 域名解析可以在更大范围的计算机网络提供域名到 IP 地址的转换。网络中的每台计算机都是一个 DNS 客户端，向 DNS 服务器提交域名解析的请求；DNS 服务器完成域名到 IP 地址的映射。因此，DNS 客户端至少有一个 DNS 服务器地址，作为命名解析的开端。

如果想了解哪个候选 DNS 服务器提供了服务，可以使用 nslookup 命令，查看当前系统所使用的 DNS 服务的 IP 地址。

例 6-5

```
cyg@ubuntu:~$ nslookup www.baidu.com
Server:         192.168.91.2
Address: 192.168.91.2#53
Non-authoritative answer:
www.baidu.com       canonical name = www.a.shifen.com.
Name:     www.a.shifen.com
Address: 115.239.210.27
Name:     www.a.shifen.com
Address: 115.239.210.26
```

从执行结果可以看出，主机在访问前两个 DNS 服务器（172.16.28.1 和 202.204.58.2）失败后，由第三个服务器（192.168. 91.2）完成域名解析。Server 表示提供服务的 DNS 服务器，Address 中的#53 表示 TCP/UDP 命名服务的端口号。

若所有的 DNS 服务器都访问失败，则出现如下的执行结果。

例 6-6

```
cyg@ubuntu:~$ sudo nslookup www.google.com
;; connection timed out; no servers could be reached
```

Linux 将 DNS 服务器地址保存在配置文件/etc/resolv.conf 中。在改配置文件时，应该按照如下格式添加 DNS 服务器地址。

例 6-7

```
nameserver    dns服务器地址
```

延续上面的例子，添加 DNS 服务器 IP 地址后，查看配置文件/etc/resolv.conf，如下所示。

例 6-8

```
cyg@ubuntu:~$ cat /etc/resolv.conf
# Generated by NetworkManager
nameserver   172.16.28.1
nameserver   202.204.58.2
nameserver 192.168.91.2
search localdomain
```

在局域网中，一般 DNS 服务器的地址直接写成路由器的 IP 地址就可以了。

6.3 Linux 系统常用网络服务配置

Linux 系统支持很多网络服务，例如通过 NFS 实现远程挂载，通过 TFTP

实现文件传输，通过 SSH 实现远程登录，通过 SAMBA 实现文件共享功能。但是这些服务默认情况下 Linux 系统都没有开启，需要我们手动配置。配置好这些服务，能大大提高实际的 Linux 开发过程效率。

本节主要介绍在 Ubuntu 系统下如何配置这些服务。在学习这些内容的时候，读者应该一边学习一边在自己的机器上进行实战操作。

6.3.1 TFTP 服务

TFTP（Trial File Transfer Protocol）是一种网络协议，主要用于文件的传输。在嵌入式交叉开发环境中被广泛使用。TFTP 使用的是 CS 模式，客户端上传、下载不需要账户，和 FTP 相比，实现起来较简单。进行嵌入式交叉开发时，开发主机上先要安装 TFTP 服务器并进行正确的设置。

配置 TFTP 服务前，必须安装 TFTP 软件包，它包括服务器端和客户端。Ubuntu 下可用的 TFTP 软件很多。常用的是 tftpd-hpa（服务器软件）和 tftp-hpa（客户端软件）。

下面我们进行 TFTP 服务配置，配置步骤如下。

1. 安装 TFTP 服务软件

可以先通过 dpkg 命令检查系统中是否已经安装了相应的软件包。如果没有，可通过 apt-get 命令进行安装。

在 Shell 终端输入“dpkg -s tftpd-hpa”查看 tftp 服务器端软件是否安装。

例 6-9

```
Package: tftpd-hpa
Status: install ok installed
Priority: extra
Section: net
Installed-Size: 188
Maintainer: Ubuntu Developers <ubuntu-devel-discuss@lists.ubuntu.com>
Architecture: i386
Source: tftp-hpa
Version: 5.0-14ubuntu1
Depends: debconf (>= 0.5) | debconf-2.0, upstart-job, libc6 (>= 2.11), libwrap0 (>=
7.6-4~), adduser
Suggests: sysLinux-common
Conflicts: atftpd, tftpd
Conffiles:
 /etc/init/tftpd-hpa.conf 2716a0352b49993febf70c015110b127
Description: HPA's tftp server
 Trivial File Transfer Protocol (TFTP) is a file transfer protocol, mainly to
 serve boot images over the network to other machines (PXE).
 tftp-hpa is an enhanced version of the BSD TFTP client and server. It
```

```
  possesses a number of bugfixes and enhancements over the original.
  This package contains the server.
 Homepage: http://www.kernel.org/pub/software/network/tftp/
 Original-Maintainer: Debian SysLinux Maintainers <sysLinux@lists.debian-maintainers.org>
```

这里的 Status（状态）显示 install ok，表示系统中已经安装过此软件了。一般情况下，Ubuntu 系统刚安装好后，TFTP 服务软件是没有安装的，我们可以通过 apt-get 命令进行安装。

在 Shell 终端上输入例 6-10 的代码。

例 6-10

```
cyg@ubuntu:~$ sudo apt-get install   tftpd-hpa
cyg@ubuntu:~$ sudo apt-get install   tftp-hpa
```

2. 修改 tftpd-hpa 配置文件

TFTP 服务配置文件存放在/etc/default/tftpd-hpa 路径。默认配置文件中 TFTP 的工作目录在/var/lib/tftpboot，而且只允许下载文件，不允许上传文件。很多初学者不明白 TFTP 的工作目录是什么意思，这里的工作目录其实就是当你上传文件时，上传的文件会放在这个目录下，当下载时，要下载的文件必须是这个目录下存在的文件。在这里将 TFTP 的工作目录"/var/lib/tftpboot"修改为"/tftpboot"，"--secure"修改为"--secure -c"以允许上传文件。

最终修改结果如例 6-11 所示。

例 6-11

```
cyg@ubuntu:~$ cat /etc/default/tftpd-hpa
# /etc/default/tftpd-hpa
TFTP_USERNAME="tftp"
TFTP_DIRECTORY="/tftpboot"
TFTP_ADDRESS="0.0.0.0:69"
TFTP_OPTIONS="--secure -c"
```

3. 在根目录下新建 tftpboot 目录

上一步通过修改 TFTP 的配置文件，将工作目录修改为"/tftpboot"，默认情况根目录下不存在 tftpboot 目录，需要手动创建。

例 6-12

```
cyg@ubuntu:~$ sudo mkdir /tftpboot
```

4. 重启 tftpd-hpa 服务

例 6-13

```
cyg@ubuntu:~$ sudo service tftpd-hpa restart
tftpd-hpa start/running, process 4019
```

若服务重启成功，就能查看到相应的进程，可以在 Shell 终端上输入"ps -ef | grep in.tftpd"从而查看对应的进程。

例 6-14

```
cyg@ubuntu:~$ ps -ef | grep in.tftp
root       4019       1  0 15:23 ?        00:00:00 /usr/sbin/in.tftpd --listen --user
```

```
tftp --address 0.0.0.0:69 --secure -c /tftpboot
    cyg         4032   2136   0 15:25 pts/6      00:00:00 grep --color=auto in.tftp
```

5. 使用 TFTP 服务

TFTP 服务配置成功后，就可以从 TFTP 工作目录“/tftpboot”里面下载文件到本地目录,也可以将本地目录下的文件上传到/tftpboot 目录下。

TFTP 是 C/S 模型，是客户端和服务器端的交互。通过前面的配置已经启动了 TFTP 的服务器端程序。接下来只需要启动 TFTP 客户端程序就可以实现文件上传和文件下载了。

操作流程如下。

第一步，在 Shell 终端上输入“tftp ip”启动客户端程序。

```
cyg@ubuntu:~$ tftp 192.168.91.149
tftp>
```

这里的 IP 地址如果是别人主机的，TFTP 客户端连接的就是别人主机上的 TFTP 服务器端。

第二步，输入“put file”上传文件，输入“get file”，下载文件，输入“quit”退出客户端程序，注意，这里的 file 是要上传或下载文件的文件名。例如，向 TFTP 服务器端上传文件 note.txt，从 TFTP 服务器端下载 hello.c 文件。

```
cyg@ubuntu:~$ tftp 192.168.91.149
tftp> put note.txt
tftp> get hello.c
tftp> quit
```

下面以一个实例来讲解，便于大家更好地理解 TFTP 服务。例如，在笔者的当前目录下有一个 hello.c 文件，内容如下。

例 6-15

```
#include <stdio.h>
int main()
{
    printf("Hello Linux.\n");
    return 0;
}
```

现在将它上传到自己主机的“/tftpboot”目录，进行如下操作。

例 6-16

```
cyg@ubuntu:~$ tftp 192.168.91.149
tftp> put hello.c
tftp> quit
```

这里的 IP 地址是笔者自己主机的，上传成功后，在/tftboot 目录下就可以看到上传的文件。

例 6-17

```
cyg@ubuntu:~$ cat /tftpboot/hello.c
```

```
#include <stdio.h>
int main()
{
printf("Hello Linux.\n");
return 0;
}
```

这里只实现了上传操作，读者可以自己完成下载操作。

6.3.2 NFS 服务

NFS 是 Network File System 的简写，即网络文件系统。

网络文件系统是许多操作系统都支持的文件系统中的一种，也被称为 NFS。NFS 允许一个系统在网络上与他人共享目录和文件。通过使用 NFS，用户可以像访问本地文件一样访问远端系统上的文件。

NFS 所提供的共享文件服务是建立在高度信任的基础上的，所以，在向其他用户释放共享资源之前，一定要确保对方的可靠性。

1. NFS 的应用

NFS 有很多实际应用，下面是比较常见的一些。

（1）多个机器共享一台 CDROM 或者其他设备。这对于在多台机器中安装软件来说更加便宜和方便。

（2）在大型网络中，配置一台中心 NFS 服务器用来放置所有用户的 home 目录，这可能会带来便利。这些目录能被输出到网络，从而用户不管在哪台工作站上登录，总能得到相同的 home 目录。

（3）在嵌入式交叉开发中，我们常常把“根文件”系统放在主机上，然后在开发板启动的时候通过 NFS 来挂载主机上的根文件系统。这样省去了每次都要把文件系统烧写到存储设备上的步骤，也提高了开发效率。

2. Ubuntu 下配置 NFS 服务

（1）安装 NFS。

Ubuntu 上默认是没有安装 NFS 服务器端的，因此首先安装 NFS 服务器端，命令如下。

```
cyg@ubuntu:~$ sudo apt-get install nfs-kernel-server
```

（2）配置 NFS 资源。

NFS 允许挂载的目录及权限在文件/etc/exports 中进行了定义。配置 NFS 服务器的关键也就是配置该文件。配置文件中的一行即为一条配置项，用于指明网络中的“哪些客户端”共享“哪些目录资源”。导出资源配置项格式如下所示。

```
< Share Directory >   <Host1(args)>   <Host2(args)>   …
```

其中，<Share Directory>表示服务器中导出的共享资源路径，必须使用绝对路径名；<Hostn>表示客户端主机标识，可以使用表 6-1 中列出的方式指定主机名，如果是多个主机标识，需要使用空格隔开；<args>表示赋予每个客户端主机的访问权限。

以下为一个配置样本。

例 6-18

```
Linux@farsight:~$ cat   /etc/exports
# /etc/exports: the access control list for filesystems which may be exported
# to NFS clients. See exports(5).
# Example for NFSv2 and NFSv3:
# /srv/homes hostname1(rw,sync) hostname2(ro,sync)
#
/source/rootfs   *(rw,sync,no_root_squash)
```

其中，/source/rootfs 是要共享的目录；* 代表允许所有的网络段访问；rw 是可读可写权限，sync 表示数据同步写入内存和硬盘；no_root_squash 表示 NFS 客户端分享目录使用者的权限，如果客户端使用的是 root 用户，那么对于该共享目录而言，该客户端就具有 root 权限。

在这个文件中，以“#”开头的行会被注释掉，是不会起作用的。

其他 NFS 常用的参数如表 6-1 所示。

表 6-1　NFS 常用的参数

参数	描述
ro	只读访问
rw	读写访问
sync	所有数据在请求时写入共享
async	NFS 在写入数据前可以相应请求
secure	NFS 通过 1 024 以下的安全 TCP/IP 端口发送
insecure	NFS 通过 1 024 以上的端口发送
wdelay	如果多个用户要写入 NFS 目录，则归组写入（默认）
no_wdelay	如果多个用户要写入 NFS 目录，则立即写入，当使用 async 时，无需此设置
hide	在 NFS 共享目录中不共享其子目录
no_hide	共享 NFS 目录的子目录
subtree_check	如果共享/usr/bin 之类的子目录，强制 NFS 检查父目录的权限（默认）
no_subtree_check	和上面相对，不检查父目录权限
all_squash	共享文件的 UID 和 GID 映射匿名用户 anonymous，适合公用目录
no_all_squash	保留共享文件的 UID 和 GID（默认）
root_squash	root 用户的所有请求映射成如 anonymous 用户一样的权限（默认）
no_root_squash	root 用户具有根目录的完全管理访问权限
anonuid=xxx	指定 NFS 服务器/etc/passwd 文件中匿名用户的 UID

（3）手动启动或停止 NFS 服务。

通常，NFS 服务的守护进程是以持续监听端口的独占方式在运行。用户通过使用 NFS 的初始化脚本，可以手动启停 NFS 服务。系统管理员在调整共享资源之后，一定要重新启动 NFS 服务，以便使修改的配置生效。

① 启动 NFS 服务。

```
cyg@ubuntu:~$ sudo /etc/init.d/nfs-kernel-server start
[sudo] password for cyg:
 * Exporting directories for NFS kernel daemon...                              exportfs:
/etc/exports [1]: Neither 'subtree_check' or 'no_subtree_check' specified for export
"*:/home/cyg/workdir/rootfs".
   Assuming default behaviour ('no_subtree_check').
   NOTE: this default has changed since nfs-utils version 1.0.x

exportfs: Failed to stat /home/cyg/workdir/rootfs: No such file or directory
                                                                              [ OK ]
 * Starting NFS kernel daemon
```

② 停止 NFS 服务。

```
cyg@ubuntu:~$ sudo /etc/init.d/nfs-kernel-server stop
 * Stopping NFS kernel daemon                                                 [ OK ]
 * Unexporting directories for NFS kernel daemon...                            [ OK ]
```

③ 重新启动 NFS 服务。

```
cyg@ubuntu:~$ sudo /etc/init.d/nfs-kernel-server restart
 * Stopping NFS kernel daemon                                                 [ OK ]
 * Unexporting directories for NFS kernel daemon...                            [ OK ]
 * Exporting directories for NFS kernel daemon...                              exportfs:
/etc/exports [1]: Neither 'subtree_check' or 'no_subtree_check' specified for export
"*:/home/cyg/workdir/rootfs".
   Assuming default behaviour ('no_subtree_check').
   NOTE: this default has changed since nfs-utils version 1.0.x

exportfs: Failed to stat /home/cyg/workdir/rootfs: No such file or directory
                                                                              [ OK ]
 * Starting NFS kernel daemon                                                  [ OK ]
```

④ 查看 NFS 服务当前状态。

NFS 服务开启时显示 nfsd running，关闭时显示 nfs not running。

```
cyg@ubuntu:~$ sudo /etc/init.d/nfs-kernel-server status
nfsd running
```

（4）查看 NFS 服务器的共享资源。

在客户端可以使用 showmount 命令查看某台 NFS 服务器上都有哪些 NFS 共享资源。

showmount 命令包含在 nfs-kernel-server 软件包中。如果希望使用该命令，需要安装 nfs-kernel-server 软件包。它的一般语法格式为：

```
showmount  [-dehv]  NFSsrvname
```

其中，NFSsrvname 表示 NFS 服务器主机名，也可以使用 IP 地址。单独使用 showmount 命令，将显示本地主机/etc/exports 配置文件中的共享配置项。

下面命令用于显示 NFS 服务器中的共享文件目录，命令执行结果不仅列出 NFS 服务器上共享资源的目录，还同时列出了授权访问 NFS 的客户端，这与 NFS 服务器上/etc/exports 文件内容是相对应的。

例 6-19

```
cyg@ubuntu:~$ showmount -e 192.168.91.149
Export list for 192.168.91.149:
/source/rootfs *
```

（5）挂载共享资源。

当了解了如何查看 NFS 服务器上的共享资源之后，便可使用 mount 命令在客户端挂载 NFS 共享资源。

假设 NFS 服务器使用/home/wdl/Share/nfs_1 作为共享资源，客户端主机希望将该共享资源挂载到本地的/mnt/nfs_1 目录中，可以使用以下命令完成挂载。

```
mount  -t  nfs  UbuntuFisher:/home/wdl/Share/nfs_1  /mnt/nfs_1
```

当客户端使用 mount 命令将 NFS 服务器上的导出文件系统挂载到本地后，接下来对挂载的文件系统的操作与使用本地文件系统没有任何区别。下面是挂载 NFS 服务器授权的目录。

```
Linux@farsight:~$ sudo mount -t nfs 192.168.65.133:/source/rootfs/ /mnt/nfs/
```

（6）卸载共享资源。

要卸载共享目录，可以使用 umount 命令，它一般语法格式为：

```
Linux@farsight:~$ umount  /mnt
```

延续上面的例子，假设不再需要访问主机上的共享目录/home/wdl/Share/nfs_1，就可以通过下面的命令释放共享资源，卸载当前文件系统的挂载点。

```
Linux@farsight:~$ sudo  umount  /mnt/nfs
```

需要说明的是，当有用户正在使用某个已加载的共享目录上的文件时，则不能卸载该文件系统。如果用户确认无误，可以使用“umount -f”命令强行卸载共享的目录。

思考与练习

1. 在 Linux 下如何配置网络？
2. TFTP、NFS 的主要功能是什么？
3. 如何实现 Linux 下目录的共享？

PARTO7

第7章

嵌入式Linux编程环境

■ “工欲善其事，必先利其器。”无论你是一名程序开发者还是爱好者，想要进行编程开发，必须要熟悉相应的编程环境，嵌入式Linux开发也不例外。本章主要介绍常用的Linux开发工具使用技巧和Linux编程技术。通过本章的学习，读者能够快速掌握基本的Linux开发工具，为后面章节的学习打下基础。

7.1 Linux 编辑器 vi 的使用

在使用和管理 Linux 的过程中，许多时候需要使用文件编辑器修改配置文件（例如修改自动挂载文件 fstab 等），正因如此，Linux 系统中有许多非常优秀的文本编辑器。Linux 系统提供了一个完整的编辑器家族系列，包括 ed、ex、vi、Emacs 等。按功能它们可以分为两大类：行编辑器（ed、ex）和全屏幕编辑器（vi、Emacs）。行编辑器每次只能对单行进行操作，使用起来很不方便。而全屏幕编辑器可以实现对整个屏幕进行编辑，用户编辑的文件直接显示在屏幕上，从而克服了行编辑的那种不直观的操作方式，便于用户学习和使用，具有强大的功能。

vi 是 Joy 在伯克利加州大学的 Evans Hall（埃文斯教学楼）中，使用一台“Lear-Siegler ADM3A 终端”编写完成的，在这台机器上的“退出键”，也就是今天的“转换键”（Tab），因此很多用户经常使用 Tab 来转换状态。vi 提供了一个视窗设备，通过它可以编辑文件。对 UNIX 系统略有所知的人，或多或少都会觉得 vi 超级难用，但 vi 是最基本的编辑器，所以希望读者能好好把它学起来，以后在 UNIX 世界里必将畅行无阻、游刃有余。因为所有的 UNIX Like 系统都会内建 vi 文本编辑器，其他的文本编辑器则不一定会存在；一些软件的编辑接口也会主动调用 vi（例如 crontab、visudo、edquota 等命令）。

7.1.1 vi 的工作模式

基本上 vi 可以分为三种模式，分别是一般模式、编辑模式和命令行模式，各模式的功能区分如下。

vi 的工作模式

1. 一般模式

以 vi 打开一个文件就直接进入一般模式了（这是默认的模式）。在这个模式中，可以使用上下左右按键来移动光标，可以删除字符甚至删除文件整行，也可以使用复制、粘贴来处理文件数据。

2. 编辑模式

在一般模式中可以进行删除、复制、粘贴等操作，但是却无法编辑文件的内容，只有当按下 i、I、o、O、a、A、r、R 中任何一个字母之后才会进入编辑模式。这时候屏幕的左下方会出现 INSERT 或 REPLACE 的字样，此时才可以进行编辑。如果要回到一般模式，则按下【Esc】键即可。

3. 命令行模式

按下【Esc】键可退出编辑模式而进入一般模式，然后在其中输入：、/、？三个字符中的任何一个，就可以将光标移动到最底下那一行。这时进入命令模式。在这个模式中，可以进行查找、读取、存盘、替换字符、离开 vi、显示行号等一系列操作！

简单地说，可以将这三个模式由图 7-1 来表示。

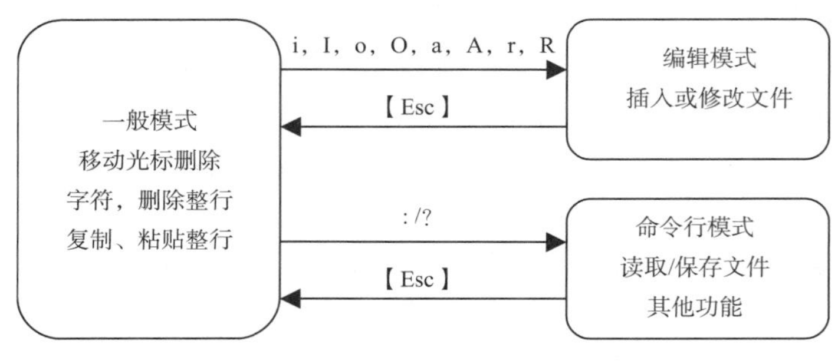

图 7-1 vi 的三个模式

7.1.2 使用 vi 的基本流程

在 Linux 终端输入“vi filename”，此时进入 vi 的一般模式，如图 7-2 所示。

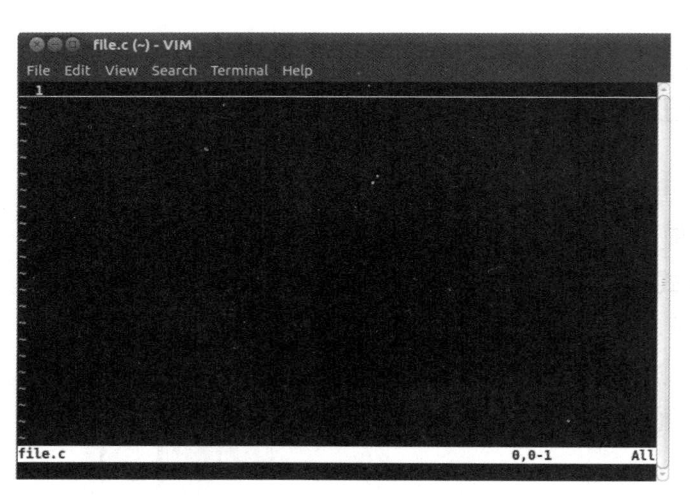

图 7-2 vi 的一般模式

在一般模式下输入“i”即进入编辑模式，如图 7-3 所示。可以看到屏幕底端有“INSERT”字样，这时表示已经进入 vi 编辑模式，可以对该文件进行编辑，输入想要输入的数据了。

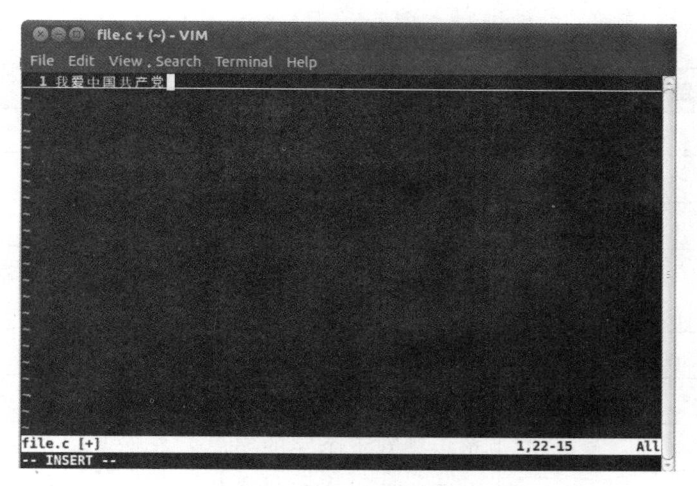

图 7-3　vi 的编辑模式

最后，当编辑完所需要的数据后，按【Esc】键就可以跳出编辑模式，此时输入“:wq”，然后按【Enter】键就可以保存当前数据并退出，如图 7-4 所示。

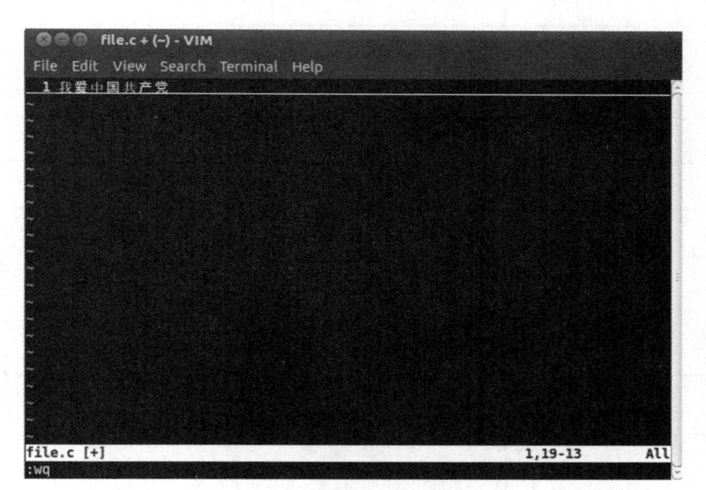

图 7-4　命令行模式

7.1.3　vi 的模式按钮说明

一般模式下 vi 可用的按键及其说明如表 7-1 所示。

表 7-1　vi 可用的按键

按键	按键说明
移动光标	
【h、j、k、l】	分别控制光标左、下、上、右移一格
【Ctrl+b】	屏幕往“后”移动一页

续表

按键	按键说明
移动光标	
【Ctrl+f】	屏幕往“前”移动一页
【*n*<space>】	光标向右移动 *n* 个字符
【Home】或 0	移动到这一行的最前面字符处。注意后面是数字 0，但不能用数字小键盘上的数字
【End】	移动到这一行的最后面字符处
【w】	光标跳到下个字的开头
【e】	光标跳到下个字的字尾
【H】	光标移动到这个屏幕的最上方一行的第一个字符
【M】	光标移动到这个屏幕的中间那一行的第一个字符
【L】	光标移动到这个屏幕的最下方一行的第一个字符
【G】	移动到这个文件的最后一行
【gg】	移动到这个文件的第一行，相当于 1G
查找与替换	
【/word】	自光标处向下寻找一个名称为 word 的字符串
【?word】	自光标处向上寻找一个名称为 word 的字符串
【:*n*1,*n*2s/word1/word2/g】	*n*1 与 *n*2 为数字，在第 *n*1 与 *n*2 行之间查找 word1 这个字符串，并将该字符串替换为 word2
【:1,$s/word1/word2/g】	从第一行到最后一行查找 word1 字符串，并将该字符串替换为 word2
【:1,$s/word1/word2/gc】	从第一行到最后一行查找 word1 字符串，并将该字符串替换为 word2，且在替换前提示用户是否进行替换并要求确认
删除、复制与粘贴	
【x】	为向后删除一个字符（相当于【Delete】键）
【X】	为向前删除一个字符（相当于【Backspace】键）
【*n*x】	连续向后删除 *n* 个字符
【dd】	删除光标所在行
【*n*dd】	删除自光标所在位置的向下 *n* 行
【yy】	复制光标所在的那一行
【*n*yy】	复制自光标所在位置的向下 *n* 行
【p】	将已复制的数据在光标下一行粘贴上
【P】	粘贴在光标的上一行

续表

按键	按键说明
删除、复制与粘贴	
【u】	恢复前一个操作
【Ctrl+r】	重做上一个操作
【.】	重复前一个操作

表7-2所示则为从一般模式切换到编辑模式后的可用按键及其说明。

表7-2　从一般模式切换到编辑模式

按键	按键说明
i，I	进入插入模式： i表示从目前光标所在处插入 I则表示在目前所在行的第一个非空格符处开始插入
a，A	进入插入模式： a表示从目前光标所在的下一个字符处开始插入 A表示从光标所在行的最后一个字符处开始插入
o，O	进入插入模式： o表示在目前光标所在的下一行处插入新的一行 O表示在目前光标所在处的上一行插入新的一行
r，R	进入编辑模式： r只会取代光标所在的那一个字符一次 R会一直取代光标所在的文字，直到按下【Esc】键为止
Esc	退出编辑模式，回到一般模式

表7-3所示为从一般模式切换到命令行模式可用的按钮及其说明。

表7-3　从一般模式切换到命令行模式

按键	按键说明
:w	保存编辑的内容
:w!	强制写入该文件，但与对该文件的权限有关
:q	不保存修改离开
:q!	不想保存修改强制离开
:wq	保存后离开
:x	保存后离开
ZZ	保存后离开

续表

按键	按键说明
:w filename	若文件没有更动，则不保存离开；若文件已经被更改过，则保存后离开
:r filename	在编辑的数据中，读入另一个文件的数据，即将 filename 这个文件的内容加到光标所在行后面
:n1,n2 w filename	将 n1 到 n2 的内容保存成 filename 这个文件
:! Command	暂时离开 vi 到命令行模式下执行 command 的显示结果！例如，输入【 :! ls /home 】即可在 vi 当中查看/home 底下以 ls 输出的文件信息
:set nu	显示行号

7.2 GCC 编译器

GCC（GNU Compiler Collection，GNU 编译器套装）是一套由 GNU 开发的编程语言编译器。它是一套以 GPL 及 LGPL 许可证所发行的自由软件，也是 GNU 计划的关键部分，还是自由的类 UNIX 及苹果计算机 Mac OS X 操作系统的标准编译器。GCC 原名为 GNU C 语言编译器（GNU C Compiler），因为它原本只能处理 C 语言。GCC 很快地扩展，变得可处理 C++。之后可处理 Fortran、Pascal、Objective-C、Java、Ada，以及 Go 与其他语言。GCC 是一个交叉平台编译器，能够在当前 CPU 平台上为多种不同体系结构的硬件平台开发软件，因此尤其适合在嵌入式领域的开发编译。

以下是 GCC 支持编译的一些源文件的后缀及其解释。

- .c，C 语言源代码。
- .h，程序所包含的头文件。
- .i，已经预处理过的 C 源代码文件。
- .s，汇编语言源代码文件。
- .o，编译后的目标文件。

7.2.1 GCC 编译流程及编译选项分析

GCC 编译流程

GCC 的编译流程分为 4 个步骤，分别如下。

- 预处理（Pre-Processing）。
- 编译（Compiling）。
- 汇编（Assembling）。
- 链接（Linking）。

下面就具体来查看一下GCC是如何完成这4个步骤的。

首先，有以下file.c源代码：

```
#include<stdio.h>
int main()
{
printf("Hello  world!\n");
return 0;
}
```

1. 预处理阶段

在该阶段，编译器将上述代码中的stdio.h编译进来，并且用户可以使用GCC的选项“-E”进行查看。该选项的作用是让GCC在预处理结束后停止编译过程。

GCC指令的一般格式为：GCC[选项]要编译的文件[选项][目标文件]。

其中，目标文件可缺省，GCC默认生成可执行的文件将命名为：编译文件.out。

```
Linux@ubuntu:~$ gcc -E file.c -o file.i
```

在此处，选项“-o”是指目标文件，“.i”文件为已经过预处理的C原始程序。以下列出了hello.i文件的部分内容。

```
typedef __gnuc_va_list va_list;
# 91 "/usr/include/stdio.h" 3 4
typedef __off_t off_t;
# 103 "/usr/include/stdio.h" 3 4
typedef __ssize_t ssize_t;
……………………………………………
# 936 "/usr/include/stdio.h" 3 4
# 2 "file.c" 2
int main()
{
printf("Hello World!\n");
return 0;
}
```

由此可见，GCC确实进行了预处理，它把“stdio.h”的内容插入到hello.i文件中。

2. 编译阶段

接下来进行的是编译阶段。在这个阶段中，GCC首先要检查代码的规范性、是否有语法错误等，以确定代码的实际要做的工作。在检查无误后，GCC把代码翻译成汇编语言。用户可以使用“-S”选项来进行查看，该选项只进行编译而不进行汇编，生成汇编代码。

```
Linux@ubuntu:~$ gcc-S file.i-o file.s
```

以下列出了hello.s的内容，可见GCC已经将其转化为汇编了。感兴趣的读者可以分析一下这一行简单的C语言小程序是如何用汇编代码实现的。

例 7-1

```
.file  "file.c"
 .section  .rodata
.LCO:
 .string    "Hello World!"
 .text
.globl main
 .type main, @function
main:
 pushl      %ebp
 movl %esp, %ebp
 andl $-16, %esp
subl  $16, %esp
 movl $.LCO, (%esp)
 call  puts
 movl $0, %eax
 leave
 ret
 .size main, .-main
 .ident     "GCC: (Ubuntu/Linaro 4.4.4-14ubuntu5) 4.4.5"
.section   .note.GNU-stack,"",@progbits
```

3. 汇编阶段

汇编阶段是把编译阶段生成的“.s”文件转成目标文件。读者在此可使用选项“- c”就可看到汇编代码已转化为“.o”的二进制目标代码了。如下所示。

```
Linux@ubuntu:~$ gcc–c file.s–o file.o
```

4. 链接阶段

在成功编译之后，就进入了链接阶段。这里涉及一个重要的概念：函数库。读者可以重新查看这个小程序，在这个程序中并没有定义“printf”的函数实现，且在预编译中包含进的“stdio.h”中也只有该函数的声明，而没有定义函数的实现。那么，是在哪里实现“printf”函数的呢？最后的答案是：系统把这些函数实现都做到名为 libc.so.6 的库文件中去了。在没有特别指定时，GCC 会到系统默认的搜索路径“/usr/lib”下进行查找，从而链接到 libc.so.6 库函数，这样就能实现函数 printf 了。这也就是链接的作用。

函数库一般分为静态库和动态库两种。静态库是指编译链接时，把库文件的代码全部加入到可执行文件中，因此生成的文件比较大，但在运行时也就不再需要库文件。其后缀名一般为“.a”。动态库与之相反，在编译链接时并没有把库文件的代码加入到可执行文件中，而是在程序执行时由运行时链接文件加载库，这样可以节省系统的开销。动态库一般后缀名为“.so”，如前面所述的 libc.so.6 就是动态库。GCC 在编译时默认使用动态库。完成了链接之后，GCC 就可以生成可执行文件，如下所示。

```
Linux@ubuntu:~$ gcc file.o–o file
```

运行该可执行文件，出现正确的结果如下。

```
Linux@ubuntu:~$ ./file
Hello world!
```

7.2.2 GCC 编译选项分析

GCC 有超过 100 个的可用选项，主要包括总体选项、警告和出错选项、优化选项和体系结构相关选项。以下对每一类中最常用的选项分别进行讲解。

1. 总体选项

GCC[选项]文件

选项

-E：使用此选项表示仅作预处理，不进行编译、汇编和链接。

-S：编译到汇编语言不进行汇编和链接。

-c：编译到目标代码。

-o：文件输出到文件。

-static：此选项将禁止使用动态库，所以，编译出来的东西一般都很大，也不需要什么动态链接库即可运行。

-share：此选项将尽量使用动态库，所以生成文件比较小，但是需要系统有动态库。

-I dir：在头文件的搜索路径列表中添加 dir 目录。

-L dir：在库文件的搜索路径列表中添加 dir 目录。

-llibrary：链接名为 library 的库文件。

2. 警告和出错选项

警告是针对程序结构的诊断信息，出现警告程序不一定有错误，而是表明存在风险，或者可能存在错误。

下列选项用于控制 GNU CC 产生的警告的数量和类型。

-Wall：

打开所有类型语法警告，建议读者养成使用该选项的习惯。

-Wcomment：

当“/*”出现在“/*...*/”注释中，或者“\”出现在“//...”注释结尾处时，使用-Wcomment 会给出警告，它很可能会影响程序的运行结果。

-fsyntax-only：

检查程序中的语法错误，但是不产生输出信息。

-w：

禁止所有警告信息。

3. 优化选项

GCC 可以对代码进行优化，它通过编译选项“-On”来控制优化代码的生成，其中 n 是一个代表优化级别的整数。GCC 默认提供了 5 级优化选项的集合。

-O 和-O1：使用能减少目标文件大小以及执行时间并且不会使编译时间明显增加的优化。在编译大型程序的时候会显著增加编译时内存的使用。

-O2：包含-O1 的优化并增加了不需要在目标文件大小和执行速度上进行折衷优化。编译器不执行循环展开以及函数内联。此选项将增加编译时间和目标文件的执行性能。

7.3 GDB 调试器

GDB（GNU Symbolic Debugger）简单地说就是一个调试工具。它是一个受通用公共许可证（GPL）保护的自由软件。

Linux 的大部分特色源自于 Shell 的 GNU 调试器，也称作 GDB。GDB 可以让用户查看程序的内部结构、打印变量值、设置断点，以及单步调试源代码。它是功能极其强大的工具，适用于修复程序代码中的问题。GDB 是一个功能很强大的调试器，它可以调试多种语言。在此我们仅涉及 C 和 C++ 的调试，而不包括其他语言。GDB 是一个调试器，而不像 VC 一样是一个集成环境。但可以使用一些前端工具，如 XXGDB、DDD 等。它们都有图形化界面，因此使用更方便，但它们仅是 GDB 的一层外壳。事实上，当使用这些图形化界面时间较长时，才会发现熟悉 GDB 命令的重要性。在编译源程序时，一定要加上-g 选项，这样才能将调试信息加到要调试的程序中。

7.3.1 GDB 使用流程

现在让我们举一个简单的例子来说明 GDB 的使用。假设有以下的程序（见图 7-5）。

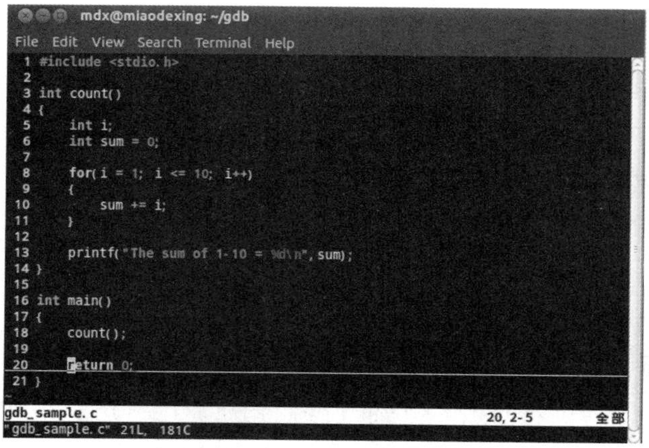

```
mdx@miaodexing: ~/gdb
File  Edit  View  Search  Terminal  Help
 1 #include <stdio.h>
 2
 3 int count()
 4 {
 5     int i;
 6     int sum = 0;
 7
 8     for(i = 1; i <= 10; i++)
 9     {
10         sum += i;
11     }
12
13     printf("The sum of 1-10 = %d\n", sum);
14 }
15
16 int main()
17 {
18     count();
19
20     return 0;
21 }
gdb_sample.c                                  20,2-5        全部
"gdb_sample.c" 21L, 181C
```

图 7-5 程序

在保存退出后首先使用 GCC 对 test.c 进行编译。注意一定要加上选项“-g”，这样编译出的可执行代码中才包含调试信息，否则之后 GDB 无法载入该可执行文件。

```
mdx@miaodexing:~/gdb$ gcc -g gdb_sample.c  -o gdb_sample
```

接下来就启动 GDB 进行调试，如图 7-6 所示。注意，GDB 调试的是可执行文件，而不是如“.c”的源代码，因此，需要先通过 GCC 编译生成可执行文件才能用 GDB 进行调试。

GDB 调试流程

从图 7-6 中可以得到 GDB 的版本号、使用的库文件以及当前所调试的可执行文件的绝对路径。接下来就进入了由“(GDB)”开头的命令行界面了。

```
mdx@miaodexing: ~/gdb
File Edit View Search Terminal Help
mdx@miaodexing:~/gdb$ gdb gdb_sample
GNU gdb (GDB) 7.2-ubuntu
Copyright (C) 2010 Free Software Foundation, Inc.
License GPLv3+: GNU GPL version 3 or later <http://gnu.org/licenses/gpl.html>
This is free software: you are free to change and redistribute it.
There is NO WARRANTY, to the extent permitted by law.  Type "show copying"
and "show warranty" for details.
This GDB was configured as "i686-linux-gnu".
For bug reporting instructions, please see:
<http://www.gnu.org/software/gdb/bugs/>...
Reading symbols from /home/mdx/gdb/gdb_sample...done.
(gdb)
```

图 7-6　启动 GDB 进行调试

GDB 的命令很多。GDB 把之分成许多个种类，可以使用 help 命令来查看，如图 7-7 所示。但 help 命令只是列出 GDB 的命令种类，如果要查看具体的命令，可以使用 help <class>。也可以直接使用 help <command>来查看命令的帮助。在 GDB 中输入命令时，可以不用打全命令，只用输入命令的前几个字符就可以。当然，命令的前几个字元应该要标志着一个唯一的命令，在 Linux 下，可以敲击两次【Tab】键来补齐命令的全称，如果有重复的，那么 GDB 会把其列出来。

```
mdx@miaodexing: ~/gdb
File Edit View Search Terminal Help
<http://www.gnu.org/software/gdb/bugs/>...
Reading symbols from /home/mdx/gdb/gdb_sample...done.
(gdb) help
List of classes of commands:

aliases -- Aliases of other commands
breakpoints -- Making program stop at certain points
data -- Examining data
files -- Specifying and examining files
internals -- Maintenance commands
obscure -- Obscure features
running -- Running the program
stack -- Examining the stack
status -- Status inquiries
support -- Support facilities
tracepoints -- Tracing of program execution without stopping the program
user-defined -- User-defined commands

Type "help" followed by a class name for a list of commands in that class.
Type "help all" for the list of all commands.
Type "help" followed by command name for full documentation.
Type "apropos word" to search for commands related to "word".
Command name abbreviations are allowed if unambiguous.
(gdb)
```

图 7-7　help 命令

1. 查看文件

在 GDB 中输入 l（list）就可以查看所载入的文件，如图 7-8 所示。

```
mdx@miaodexing: ~/gdb
File  Edit  View  Search  Terminal  Help
License GPLv3+: GNU GPL version 3 or later <http://gnu.org/licenses/gpl.html>
This is free software: you are free to change and redistribute it.
There is NO WARRANTY, to the extent permitted by law.  Type "show copying"
and "show warranty" for details.
This GDB was configured as "i686-linux-gnu".
For bug reporting instructions, please see:
<http://www.gnu.org/software/gdb/bugs/>...
Reading symbols from /home/mdx/gdb/gdb_sample...done.
(gdb) list
9               {
10                      sum += i;
11              }
12
13              printf("The sum of 1-10 = %d\n", sum);
14      }
15
16      int main()
17      {
18              count();
(gdb) list
19
20              return 0;
21      }
(gdb)
```

图 7-8 l（list）命令

2. 设置断点（Break Points）

用 break 命令来设置断点。下面有几个设置断点的方法。

- break <function>

在进入指定函数时停住。C++中可以使用 class::function 或 function(type,type)格式来指定函数名。

- break <linenum>

在指定行号停住。

- break +offset，break -offset

在当前行号的前面或后面的 offset 行停住。Offset 为自然数。

- break filename：linenum

在源文件 filename 的 linenum 行处停住。

- break filename：function

在源文件 filename 的 function 函数的入口处停住。

- break *address

在程序运行的内存地址处停住。

- break

break 命令没有参数时，表示在下一条指令处停住。

- break…if <condition>

可以是上述的参数，condition 表示条件，在条件成立时停住。比如在循环体中，可以设置 break if i=100，表示当 i 为 100 时停住程序。

在 GDB 中利用行号设置断点是指代码运行到对应行之前将其暂停，如图 7-9 所示，代码运行到第 10 行之前暂停（并没有运行第 10 行）。

图 7-9　b 命令

3. 查看断点

查看断点时可使用 info 命令，如图 7-10 所示。(注：n 表示断点号)

```
info breakpoints [n]
info break [n]
```

```
(gdb) info b 1
Num     Type           Disp Enb Address    What
1       breakpoint     keep y   0x080483da in count at gdb_sample.c:10
(gdb)
```

图 7-10　info 命令

4. 运行代码

设置好断点后就可运行代码了，输入 r（run）即可（GDB 默认从首行开始运行代码，若想从程序中指定行开始运行，可在 r 后面加上行号），如图 7-11 所示，程序运行到断点就停止了。

```
(gdb) r
Starting program: /home/mdx/gdb/gdb_sample

Breakpoint 1, count () at gdb_sample.c:10
10                      sum += i;
(gdb)
```

图 7-11　r 命令

5. 查看变量值

在程序停止运行之后，程序员所要做的工作是查看断点处的相关变量值。在 GDB 中只需输入“p + 变量”即可，如图 7-12 所示。

```
(gdb) p i
$1 = 1
(gdb) p sum
$2 = 0
(gdb) n
8               for(i = 1; i <= 10; i++)
(gdb) p i
$3 = 1
(gdb) p sum
$4 = 1
(gdb)
```

图 7-12　r 命令

6. 恢复程序运行和单步运行

当程序暂停时，可以用 continue 命令恢复程序的运行直到下一个断点到来，或程序结束。也可以使用 step 或 next 命令单步跟踪程序。

```
step <count>
```

单步跟踪，如果有函数调用，它会进入该函数。进入函数的前提是，此函数被编译有 debug 信息。这很像 VC 等工具中的 step in。后面可以加 count，也可以不加，不加表示一条条地执行；加表示执行后面的 count 条指令，然后再停住。

```
next <count>
```

同样单步跟踪，但如果有函数调用，不会进入该函数。很像 VC 等工具中的 step over。同样后面可以加 count，也可以不加，不加表示一条条地执行；加表示执行后面的 count 条指令，然后停住。

```
set step-mode，set step-mode on
```

打开 step-mode 模式。于是，在进行单步跟踪时，程序不会因为没有 debug 信息而不停住。这个参数有很利于查看机器码。

```
set step-mod off
```

关闭 step-mode 模式。

```
finish
```

运行程序，直到当前函数完成返回。并列印函数返回时的堆栈地址和返回值及参数值等信息。

7.3.2 GDB 命令行参数

GDB 命令行参数含义说明如表 7-4 所示。

表 7-4 GDB 命令行参数

选项	含义
--help -h	列出命令行参数
--exec=*file* -e *file*	指定可执行文件
--core=*core-file* -c *core-file*	指明 core 文件
--command=file -x file	从指定文件中读取 GDB 命令
--directory=*directory* -d *directory*	把指定目录加入到源文件搜索路径中
--cd=*directory*	以指定目录作为当前路径来运行 GDB
--nx -n	不要执行 .gdbinit 文件中的命令。默认情况下，这个文件中的命令会在所有命令行参数处理完后被执行
--batch	在非交互模式下运行 GDB。从文件中读取命令，所以需要 -x 选项
--symbols=*file* -s *file*	从指定文件中读取符号表
-write	允许对可执行文件和 core 文件进行写操作
--quiet -q	不要打印介绍和版权信息
--tty=*device*	指定 *device* 为运行程序的标准输入输出
--pid=*process-id* -p *process-id*	指定要附属的进程 ID

7.3.3 GDB 基本命令

GDB 基本命令描述说明如表 7-5 所示。

表 7-5 GDB 基本命令

命令	描述
help	列出 GDB 帮助信息
help *topic*	列出相关话题中的 GDB 命令
help *command*	列出命令描述信息
apropos *search-word*	搜索相关的话题
info argsi args	列出运行程序的命令行参数
info breakpoints	列出断点
info break	列出断点号
info break *breakpoint-number*	列出指定断点的信息
info watchpoints	列出观察点
info registers	列出使用的寄存器
info threads	列出当前的线程
info set	列出可以设置的选项
Break and Watch	
break *funtion* break *line-number*	在指定的函数，或者行号处设置断点
break +*offset* break -*offset*	在当前停留的地方前面或后面的几行处设置断点
break *file:func*	在指定的 *file* 文件中的 *func* 处设置断点
break *file:nth*	在指定的 *file* 文件中的第 *nth* 行设置断点
break **address*	在指定的地址处设置断点。一般在没有源代码时使用
break *line-number* if *condition*	如果条件满足，在指定位置设置断点
break *line* thread*thread-number*	在指定的线程中中断。使用 info threads 可以显示线程号
tbreak	设置临时的断点。中断一次后断点会被删除
watch *condition*	当条件满足时设置观察点
clear clear *func* clear *nth*	清除函数 *func* 处的断点 清除第 *nth* 行处的断点
delete d	删除所有的断点或观察点

续表

命令	描述
delete *breakpoint-number* delete *range*	删除指定的断点，观察点
disable *breakpoint-number-or-range* enable *breakpoint-number-or-range*	不删除断点，仅仅把它设置为无效，或有效 例子： 显示断点：info break 设置无效：disable 2-9
enable once*breakpoint-number*	设置指定断点有效，当到达断点时置为无效
enable del*breakpoint-number*	设置指定断点有效，当到达断点时删除它
finish	继续执行到函数结束
Line Execution	
step s step	进入下一行代码的执行，会进入函数内部
number-of-steps-to-perform	进入下一行代码的执行，会进入函数内部
next n next *number*	执行下一行代码。但不会进入函数内部
until until *line-number*	继续运行直到到达指定行号，或者函数、地址等
return return *expression*	弹出选中的栈帧（stack frame）。如果后面指定参数，则返回表达式的值
stepi si nexti ni	执行下一条汇编/CPU 指令
info signals info handle handle *SIGNAL-NAMEoption*	当收到信号时执行下列动作：nostop（不要停止程序），stop（停止程序执行），print（显示信号），noprint（不显示），pass/noignore（允许程序处理信号），nopass/ignore（不让程序接受信号）
where	显示当前的行号和所处的函数
Program Stack	
backtrace bt bt *inner-function-nesting-depth* bt -*outer-function-nesting-depth*	显示当前堆栈的追踪，当前所在的函数

续表

命令	描述
backtrace full	打印所有局部变量的值
frame *number* f *number*	选择指定的栈帧
up *number* down *number*	向上或向下移动指定个数的栈帧
info frame *addr*	描述选中的栈帧
info args info all-reg info locals info catch	显示选中栈帧的参数、局部变量、异常处理函数。all-reg 也会列出浮点寄存器
Source Code	
list l list *line-number* list *function* list list *start#,end#* list *filename:function*	列出相应的源代码
set listsize *count* show listsize	设置 list 命令打印源代码时的行数
directory *directory-name* dir *directory-name* show directories	在源代码路径前添加指定的目录
directory	当后面没有参数时，清除源代码目录
Examine Variables	
print *variable* p *variable* p *file::variable* p '*file*'::*variable*	打印指定变量的值
p **array-var@length*	打印 *arrary-var* 中的前 *length* 项
p/x *var*	以十六进制打印整数变量 *var*
p/d *var*	把变量 *var* 当作有符号整数打印
p/u *var*	把变量 *var* 作为无符号整数打印
p/o *var*	把变量 *var* 作为八进制数打印

续表

命令	描述
p/t *var* x/b *address* x/b &*variable*	以整数二进制的形式打印 *var* 变量的值
p/c *variable*	当字符打印
p/f *variable*	以浮点数格式打印变量 *var*
p/a *variable*	打印十六进制形式的地址
x/w *address* x/4b &*variable*	打印指定的地址，以四字节一组的方式
call *expression*	类似于 *print*，但不打印 void
disassem *addr*	对指定地址中的指令进行反汇编
Controlling GDB	
set *gdb-optionvalue*	设置 GDB 的选项
set print array on set print array off show print array	以可读形式打印数组。默认是 off
set print array-indexes on set print array-indexes off show print array-indexes	打印数组元素的下标。默认是 off
set print pretty on set print pretty off show print pretty	格式化打印 C 结构体的输出
set print union on set print union off show print union	打印 C 中的联合体。默认是 on
set print demangle on set print demangle off show print demangle	控制 C++ 中名字的打印。默认是 on
Working Files	
info files info share	列出当前的文件、共享库
file *file*	把 *file* 当作调试的程序。如果没指定参数，则丢弃
core *file*	把 *file* 当作 core 文件。如果没指定参数，则丢弃

续表

命令	描述
exec *file*	把 *file* 当作执行程序。如果没指定参数，则丢弃
symbol *file*	从 *file* 中读取符号表。如果没指定参数，则丢弃
load *file*	动态链入 *file* 文件，并读取它的符号表
path *directory*	把目录 *directory* 加入到搜索可执行文件和符号文件的路径中
Start and Stop	
run r run *command-line-arguments* run < *infile* >*outfile*	从头开始执行程序，也允许进行重定向
continue c	继续执行直到下一个断点或观察点
continue *number*	继续执行，但会忽略当前的断点 *number* 次。当断点在循环中时非常有用
kill	停止程序执行
quit q	退出 GDB 调试器

7.4 Make 工程管理器

Make 是一个工具程序（Utility Software），它是一种转化文件形式的工具，转换的目标称为 target；与此同时，它也检查文件的依赖关系，如果需要的话，它会调用一些外部软件来完成任务。它的依赖关系检查系统非常简单，主要根据依赖文件的修改时间进行判断，我们称之为时间戳。大多数情况下，Make 被用来编译源代码，生成结果代码，然后把结果代码连接起来生成可执行文件或者库文件。它使用一个叫作 makefile 的文件来确定 target 文件的依赖关系，然后把生成这个 target 的相关命令传给 Shell 去执行。

在许多现代软件的开发中，集成开发环境已经取代 Make，但是在 UNIX 环境中，仍然有许多任务工程师采用 Make 来协助软件开发。从事嵌入式系统开发，如果不能驾驭 Makefile，那很难做到游刃有余。

学习 Makefile 最为重要的是掌握两个概念，一个是目标（Target），另一个就是依赖（Dependency）。目标就是指要干什么，或说运行 Make 后生成什么，而依赖告诉 Make 如何去做以实现目标。在 Makefile 中，目标和依赖是通过规则（Rule）来表达的。驾驭 Makefile，最为重要的就是要学会采用目标和依赖关系来思考所需解决的问题。

7.4.1 Makefile 基本规则

Hello World 是一个最为简单的例子，几乎所有编程语言进行语言讲解时都会采用。虽然 Makefile 不是一门编程语言，但同样不妨碍我们写一个在命令终端上输出“Hello World”的简单 Makefile。采用一个文本编辑器编写一个图 7-13 所示的 Makefile 文件，文件的存放目录可以是任意的。

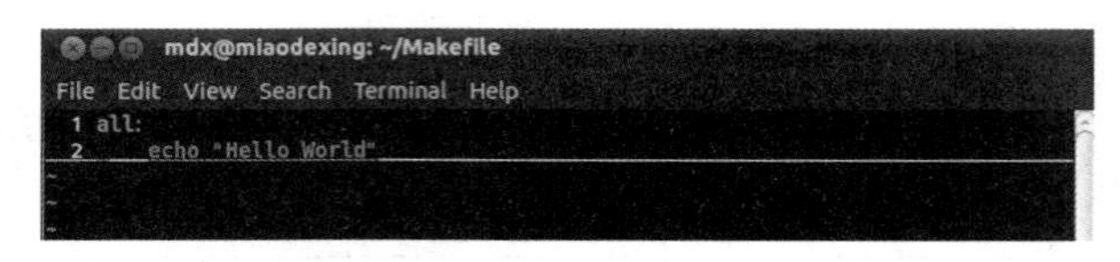

图 7-13 Makefile 的“Hello World”实现

对于图 7-13 所示的 Makefile，需要注意的是，echo 前面必须只有 Tab（即键盘上的【Tab】键），且至少有一个 Tab，而不能用空格代替，这是需要学习的第一个 Makefile 语法。很多初学者最容易犯的就是这种“低级”错误。而且这种错误往往在对 Makefile 进行调试时，还不大容易发现，因为从文本编辑器中看来，Tab 与空格有时没有太明显的区别。

Makefile 中第一个很重要的概念就是目标（Target），图 7-13 所示的 Makefile 中的 all 就是我们的目标，目标放在“:”的前面，其名字可以是由字母和下划线（_）组成的字符串。echo “Hello World”就是生成目标的命令，这些命令可以是任何可以在环境中运行的命令以及 Make 所定义的函数等，后面内容会详细介绍。现在只要知道 echo 是 Bash Shell 中的一个命令就行了，其功能是打印字符串到终端上。all 目标在这里就代表希望在终端上打印出“Hello World”，有时目标会是一个比较抽象的概念。上面其实是定义了如何生成 all 目标，也称之为规则，即图 7-13 的 Makefile 中定义了一个生成 all 目标的规则。

现在读者可能很急于看到这个 Makefile 的运行结果。图 7-14 所示为三种不同的 Makefile 运行方式以及每种方式的运行结果。第一种方式是只要在 Makefile 所在的目录下运行 make 命令，就会在终端上会输出二行，第一行实际上是在 Makefile 中所写的命令，而第二行则是运行命令的结果，此时 Makefile 确实在终端上打印了“Hello World”，真是太棒了！第二种方式则是运行“Make all”命令，这告诉 Make 工具，需要生成目标 all，其结果也不用多说了。第三种方式则是运行 make test， 指示 Make 生成 test 目标。由于根本没有定义 test 目标，所以运行结果是可想而知的，Make 的确报告了不能找到 test 目标。

```
mdx@miaodexing: ~/Makefile
File Edit View Search Terminal Help
mdx@miaodexing:~/Makefile$ vi Makefile
mdx@miaodexing:~/Makefile$ make
echo "Hello World"
Hello World
mdx@miaodexing:~/Makefile$ make all
echo "Hello World"
Hello World
mdx@miaodexing:~/Makefile$ make test
make: *** No rule to make target `test'.  Stop.
mdx@miaodexing:~/Makefile$
```

图 7-14 Makefile 运行方式

现在对图 7-13 的 Makefile 做一点小小的改动，改成结果如图 7-15 所示。其中增加了 test 规则用于构建 test 目标——在终端上打印出“It is my test example”。

```
mdx@miaodexing: ~/Makefile
File Edit View Search Terminal Help
  1 all:
  2     echo "Hello World"
  3 test:
  4     echo "It is my test example"
~
```

图 7-15 Makefile

图 7-16 是图 7-15 中 Makefile 的运行结果。从目前这两个 Makefile 的运行结果中读者学到了什么呢？有以下几点。

- 一个 Makefile 中可以定义多个目标。
- 调用 make 命令时，需要告诉它目标是什么，即要它干什么。当没有指明具体的目标是什么时，那么 Make 以 Makefile 文件中定义的第一个目标作为这次运行的目标。这“第一个”目标也被称为默认目标。
- 当 Make 得到目标后，先找到定义目标的规则，然后运行规则中的命令来达到构建目标的目的。上面示例的 Makefile 中，每一个规则中只有一条命令，而实际的 Makefile 文件，每一个规则可以包含很多条命令。

```
mdx@miaodexing: ~/Makefile
File Edit View Search Terminal Help
mdx@miaodexing:~/Makefile$ make
echo "Hello World"
Hello World
mdx@miaodexing:~/Makefile$ make all
echo "Hello World"
Hello World
mdx@miaodexing:~/Makefile$ make test
echo "It is my test example"
It is my test example
mdx@miaodexing:~/Makefile$
```

图 7-16 Makefile 的运行结果

在前面的示例中我们看到当运行 Make 时，在终端上还打印出了 Makefile 文件中的命令。有时，我们并不希望它这样，因为这样可能使得输出的信息看起来有些混乱。要使 Make 不打印出命令，只要做一点小小的修改，就是在命令前加一个@符号。这一符号告诉 Make，在运行时不要将这一行命令显示出来。更改后相应的运行结果如图 7-17 所示。

```
mdx@miaodexing: ~/Makefile
File  Edit  View  Search  Terminal  Help
mdx@miaodexing:~/Makefile$ make
Hello World
mdx@miaodexing:~/Makefile$ make all
Hello World
mdx@miaodexing:~/Makefile$ make test
It is my test example
mdx@miaodexing:~/Makefile$
```

图 7-17　运行结果

现在，再在图 7-15 Makefile 的基础上做一点小小的改动，如图 7-18 所示。其中的改动之一是在各命令前增加了一个@，之二是在“all:”后加上 test。运行 make 和 make test 命令的结果如图 7-19 所示。从输出结果中会发现当运行 Make 时，test 目标好像也被构建了。

```
mdx@miaodexing: ~/Makefile
File  Edit  View  Search  Terminal  Help
  1 all: test
  2         @echo "Hello World"
  3 test:
  4         @echo "It is my test example"
```

图 7-18　Makefile

```
mdx@miaodexing: ~/Makefile
File  Edit  View  Search  Terminal  Help
mdx@miaodexing:~/Makefile$ make
It is my test example
Hello World
mdx@miaodexing:~/Makefile$
```

图 7-19　运行结果

这里需要引入 Makefile 中依赖关系的概念。图 7-18 中 all 目标后面的 test 是告诉 Make，all 目标依赖 test 目标，这一依赖目标在 Makefile 中又被称为先决条件。出现这种目标依赖关系时，Make 工具会按从左到右的先后顺序先构建规则中所依赖的每一个目标。如果希望构建 all 目标，那么 Make 会在构建它之前先构建 test 目标，这就是为什么我们称之为先决条件的原因。

至此，我们已经认识了 Makefile 中的细胞——规则。图 7-20 是规则的文字表示。一个规则是由目标（Targets）、先决条件（Prerequisites）以及命令（Commands）所组成的。需要指出的是，目标和先决条件之间表达的就是依赖关系（Dependency），这种依赖关系指明在构建目标之前，必须保证先决条件先满足（或构建）。而先决条件可以是其他的目标，当先决条件是目标时，其必须先被构建出来。还有就是一个规则中目标可以有多个，当存在多个目标，且这一规则是 Makefile 中的第一个规则时，如果运行 make 命令不带任何目标，那么规则中的第一个目标将被视为是缺省目标。图 7-21 所示是定义了两个目标的规则，图 7-22 是其运行结果。

```
规则的语法
targets : prerequisites
      command
      ...
```

图 7-20　文字表示

```
mdx@miaodexing: ~/Makefile
File  Edit  View  Search  Terminal  Help
1 all test:
2       @echo "Hello World"
```

图 7-21　定义两个目标

```
mdx@miaodexing: ~/Makefile
File  Edit  View  Search  Terminal  Help
mdx@miaodexing:~/Makefile$ make
Hello World
mdx@miaodexing:~/Makefile$ make test
Hello World
mdx@miaodexing:~/Makefile$
```

图 7-22　运行结果

接下来我们试着将规则运用到程序编译当中去。下面假设有图 7-23 所示的用于创建 simple 可执行文件的 3 个源程序文件，假设我们是在做 simple 项目吧！现在，需要写一个用于创建 simple 可执行程序的 Makefile 了，这个 Makefile 需要如何去写？还记得目标、依赖关系和命令吗？

```
mdx@miaodexing: ~/Makefile
File  Edit  View  Search  Terminal  Help
1 simple: main.o foo.o bar.o
2       gcc -o simple main.o foo.o bar.o
3 main.o: main.c
4       gcc -c main.c -o main.o
5 foo.o: foo.c
6       gcc -c foo.c -o foo.o
7 bar.o: bar.c
8       gcc -c bar.c -o bar.o
9
```

图 7-23　Makefile

写 Makefile 文件的第一步不是一个猛子扎进去就开始试着写规则，而应先用面向依赖关系的方法想清楚，所要写的 Makefile 需要表达什么样的依赖关系，这一点非常重要。通过不断地练习，我们最终会很自然地运用依赖关系去思考问题。到那时，读者再写 Makefile，头脑会非常清楚自己在写什么，以及后面要写什么。

从图 7-24 的执行结果可以清楚地看到，要生成的目标 simple 是依赖于三个“.o”文件，执行命令是“gcc -o simple main.o foo.o bar.o”，而这三个“.o”文件分别又依赖于三个“.c”文件，即“main.o”依赖于“main.c”，生成命令为“gcc -c main.c -o main.o”；“foo.o”依赖于“foo.c”，生成命令为“gcc -c foo.c -o foo.o”；“bar.o”依赖于“bar.c”，生成命令为“gcc -c bar.c

-o bar.o”。只要搞清上述依赖关系，读者在写 Makefile 时，就不会迷惘。

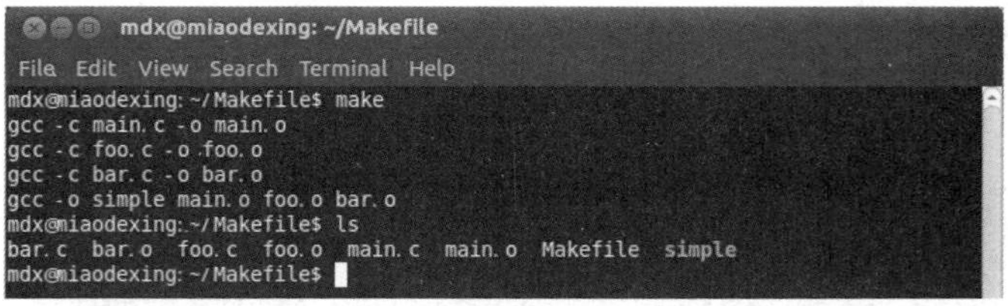

```
mdx@miaodexing: ~/Makefile
File Edit View Search Terminal Help
mdx@miaodexing:~/Makefile$ make
gcc -c main.c -o main.o
gcc -c foo.c -o foo.o
gcc -c bar.c -o bar.o
gcc -o simple main.o foo.o bar.o
mdx@miaodexing:~/Makefile$ ls
bar.c  bar.o  foo.c  foo.o  main.c  main.o  Makefile  simple
mdx@miaodexing:~/Makefile$
```

图 7-24 执行结果

再编译时需要清除所生成的文件，这时就可以添加 clean 目标来删除所生成的文件，如图 7-25 所示。

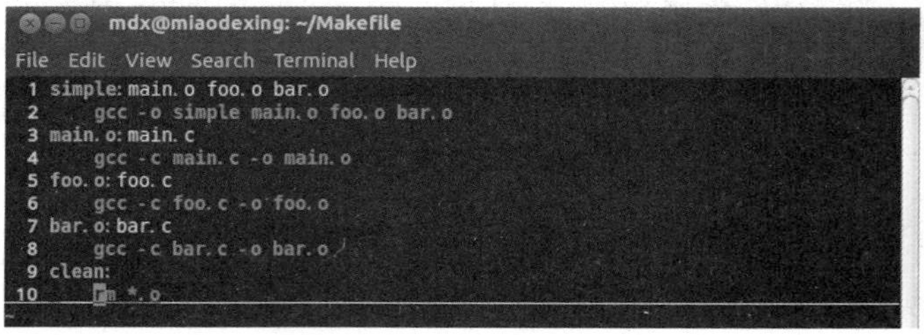

```
mdx@miaodexing: ~/Makefile
File Edit View Search Terminal Help
 1 simple: main.o foo.o bar.o
 2      gcc -o simple main.o foo.o bar.o
 3 main.o: main.c
 4      gcc -c main.c -o main.o
 5 foo.o: foo.c
 6      gcc -c foo.c -o foo.o
 7 bar.o: bar.c
 8      gcc -c bar.c -o bar.o
 9 clean:
10      rm *.o
```

图 7-25 clean 目标

执行结果如图 7-26 所示。

```
mdx@miaodexing:~/Makefile$ make clean
rm *.o
mdx@miaodexing:~/Makefile$
```

图 7-26 执行结果

如果在不改变代码的情况下再编译会出现什么现象？图 7-27 给出了结果，第二次编译并没有构建目标文件的动作，但为什么有构建 simple 可执行程序的动作呢？这里需要了解 Make 是如何决定哪些目标（这里是文件）是需要重新编译的。其实，每次在执行 make 命令时，Make 都会去检查依赖关系中相关文件的时间戳，如果先决条件中相关的文件的时间戳大于目标的时间戳，即先决条件中的文件比目标更新，则说明有变化，那么需要运行规则当中的命令重新构建目标。这条规则会运用到所有与在 Make 时指定目的标的依赖树中的每一个规则。比如，对于 simple 项目，其依赖树中包括 4 个规则，Make 会检查所有 4 个规则当中的目标（文件）与先决条件（文件）之间的时间先后关系，如果先决条件中相关的文件的时间戳大于目标的时间戳，则重新构建目标，否则就不编译。这里由于 make clean 删除了所有的“.o”文件，执行 make 命令就会去重新生成所有的“.o”文件，这时目标文件“simple”所依赖的文件的时间戳发生变化，所以 simple 会重新生成，而第二次编译时就不会。

```
mdx@miaodexing:~/Makefile$ make
gcc -c main.c -o main.o
gcc -c foo.c -o foo.o
gcc -c bar.c -o bar.o
gcc -o simple main.o foo.o bar.o
mdx@miaodexing:~/Makefile$ make
make: `simple' is up to date.
mdx@miaodexing:~/Makefile$
```

图 7-27　结果

7.4.2　Makefile 假目标

在前面的 simple 项目中，现在假设在程序所在的目录下面有一个 clean 文件，这个文件也可以通过 touch 命令来创建。创建以后，运行 make clean 命令，会发现 Make 总是提示 clean 文件是最新的，而不是按我们所期望的那样进行文件删除操作，如图 7-28 所示。从原理上我们还是可以理解的，这是因为 Make 将 clean 当作文件，且在当前目录找到了这个文件，加上 clean 目标没有任何先决条件，所以，当要求 Make 构建 clean 目标时，它就会认为 clean 是最新的。

```
mdx@miaodexing:~/Makefile$ ls -l clean
ls: cannot access clean: No such file or directory
mdx@miaodexing:~/Makefile$ touch clean
mdx@miaodexing:~/Makefile$ make clean
make: `clean' is up to date.
mdx@miaodexing:~/Makefile$
```

图 7-28　clean 结果

在现实中也难免存在所定义的目标与已存在文件同名的情况，那对于这种情况 Makefile 如何处理呢？实际上，Makefile 中的假目标（Phony Target）可以解决这个问题。假目标可以采用.PHONY 关键字来定义，需要注意的是其必须是大写字母。图 7-29 是将 clean 变为假目标后的 Makefile，更改后运用 make clean 命令的结果如图 7-30 所示。

```
mdx@miaodexing: ~/Makefile
File  Edit  View  Search  Terminal  Help
 1 .PHONY: clean
 2 simple: main.o foo.o bar.o
 3     gcc -o simple main.o foo.o bar.o
 4 main.o: main.c
 5     gcc -c main.c -o main.o
 6 foo.o: foo.c
 7     gcc -c foo.c -o foo.o
 8 bar.o: bar.c
 9     gcc -c bar.c -o bar.o
10 clean:
11     rm main.o foo.o bar.o simple
```

图 7-29　Makefile

正如读者所看到的，采用.PHONY 关键字声明一个目标后，Make 并不会将其当作一个文件来处理，而只是当作一个概念上的目标。对于假目标，我们可以想象的是由于并不与文件关联，所以每一次 Make 这个假目标时，其所在的规则中的命令都会被执行。

```
mdx@miaodexing:~/Makefile$ make clean
rm main.o foo.o bar.o simple
mdx@miaodexing:~/Makefile$
```

图 7-30　make clean 命令

7.4.3　Makefile 变量

只要是从事程序开发的人员对变量都很熟悉，因为每一种编程语言都有变量的概念。为了方便使用，Makefile 中也有变量，可以在 Makefile 中通过使用变量来使得它更简洁、更具可维护性。下面，我们来看一看如何通过使用变量来提高 simple 项目 Makefile 的可维护性，图 7-31 是运用变量的第一个 Makefile。

```
Makefile (~/Makefile) - VIM
File  Edit  View  Search  Terminal  Help
 1 .PHONY:clean
 2 CC = gcc
 3 RM = rm
 4 OBJ = simple
 5 OBJS = main.o foo.o bar.o
 6
 7 $(OBJ):$(OBJS)
 8     $(CC) -o $(OBJ) $(OBJS)
 9 main.o:main.c
10     $(CC) -c main.c -o main.o
11 foo.o:foo.c
12     $(CC) -c foo.c -o foo.o
13 bar.o:bar.c
14     $(CC) -c bar.c -o bar.o
15 clean:
16     @$(RM) $(OBJS) $(OBJ)
```

图 7-31　Makefile

从图 7-31 可以看出，Makefile 变量的定义很简单，就是一个名字（变量名）后面跟上一个等号，然后在等号的后面放这个变量所期望的值。对于变量的引用，则需要采用$(变量名)或者${变量名}这种模式。在这个 Makefile 中，我们引入了 CC 和 RM 两个变量，一个用于保存编译器名，而另一个用于指示删除文件的命令是什么。另外又引入 OBJ 和 OBJS 两个变量，一个用于存放可执行文件名，另一个则用于放置所有的目标文件名。采用变量是非常方便的，比如当需要更改编译器时，只需更改相应变量的赋值。而如果不采用变量，就得更改每一个使用编译器的地方，很是麻烦。显然，变量的引入增加了 Makefile 的可维护性。

1. 自动变量

对于拥有很多规则的 Makefile 文件，不知读者是否觉得目标和先决条件的名字会在规则的命令中多次出现，每一次出现都是一种麻烦？更为麻烦的是，如果改变了目标或是依赖的名，那得在命令中全部跟着改。有没有简化这种更改的方法呢？这时需要用到 Makefile 中的自动变量，它们包括以下内容。

- $@用于表示一个规则中的目标。当一个规则中有多个目标时。
- $@所指的是其中任何造成命令被运行的目标。
- $^则表示的是规则中的所有选择条件。
- $<表示的是规则中的第一个先决条件。

除了上面的几个自动变量，在 Makefile 中还有其他一些自动变量，本书在需要的时候再介绍。就 simple 项目的 Makefile 而言，为了简化它，采用这些变量就足够了。图 7-32 就是用于测试上面三个自动变量的值的 Makefile，其运行结果如图 7-33 所示。

```
Makefile (~/Makefile) - VIM
File Edit View Search Terminal Help
 1 .PHONY:clean
 2 CC = gcc
 3 RM = rm
 4 OBJ = simple
 5 OBJS = main.o foo.o bar.o
 6
 7 $(OBJ):$(OBJS)
 8     $(CC) -o $@ $^
 9 main.o:main.c
10     $(CC) -c $^ -o $@
11 foo.o:foo.c
12     $(CC) -c $^ -o $@
13 bar.o:bar.c
14     $(CC) -c $^ -o $@
15 clean:
16     @$(RM) $(OBJS) $(OBJ)
```

图 7-32　Makefile

```
linux@ubuntu: ~/Makefile
File Edit View Search Terminal Help
linux@ubuntu:~/Makefile$ make
gcc -c main.c -o main.o
gcc -c foo.c -o foo.o
gcc -c bar.c -o bar.o
gcc -o simple main.o foo.o bar.o
linux@ubuntu:~/Makefile$
```

图 7-33　执行结果

至此，读者有没有觉得 Makefile 看起来更加专业了呢？

需要注意的是，由于在 Makefile 中“$”具有特殊含义，因此，如果想采用 echo 输出“$”，则必须用两个连着的“$”。还有就是，“$@”对于 Shell 也有特殊的意思，需要在“$$@”之前再加一个脱字符“\”。如果读者还有困惑，可以通过改一改 Makefile 来验证它。

2．预定义变量

Makefile 预定义变量包含了常见编译器、汇编器的名称及其编译选项。

表 7-6 所示为 Makefile 中常见预定义变量及其部分默认值。

表 7-6 Makefile 中常见预定义变量

命令格式	含义
AR	库文件维护程序的名称，默认值为 ar
AS	汇编程序的名称，默认值为 as
CC	C 编译器的名称，默认值为 cc
CPP	C 预编译器的名称，默认值为$(CC) -E
CXX	C++编译器的名称，默认值为 g++
FC	FORTARAN 编译器的名称，默认值为 f77
RM	文件删除程序的名称，默认值为 rm -f
ARFLAGS	库文件维护程序的选项，无默认值
ASFLAGS	汇编程序的选项，无默认值
CFLAGS	C 编译器的选项，无默认值
CPPFLAGS	C 预编译的选项，无默认值
CXXFLAGS	C++编译器的选项，无默认值
FFLAGS	Fortran 编译器的选项，无默认值

思考与练习

1. vi 编辑器工作时有几种模式？各模式之间是如何切换的？
2. GCC 的编译流程分为哪几步？每一步具体做哪些事情？
3. GDB 是什么？如何使用 GDB 调试程序？
4. 使用 Makefile 实现指定文件夹中多文件编译。

PART08

第8章

Shell编程

■ 不同的编程语言都有着各自的用途和价值，面向对象的Java、面向过程的C语言，以及计算机只识别的机器语言等。在这一章中讲的是Shell脚本语言，它是一种解释性语言，常用来编写软件和操作系统的配置文件。

什么是 Shell？Shell 是一个命令解释器，是介于 Linux 操作系统的内核（Kernel）与用户之间的一个绝缘层。准确地说，它也是一种强力的计算机语言。一个 Shell 程序（也被称为 Shell 脚本）是一种很容易使用的工具，它可以通过将系统调用、公共程序、工具和编译过的二进制程序粘合在一起来建立应用。事实上，所有的 UNIX 命令和工具再加上公共程序，对于 Shell 脚本来说，都是可调用的。如果这些你还觉得不够，那么 Shell 内建命令，比如 test 与循环结构，也会给脚本添加强力的支持和增加灵活性。Shell 脚本对于管理系统任务和其他重复工作的例程来说，表现得非常好，根本不需要那些华而不实的成熟紧凑的程序语言。

8.1 认识 Shell 脚本

Shell 脚本（Shell Script）与 Windows/DOS 下的批处理相似，也就是将各类命令预先放入其中，方便一次性执行的一个程序文件，主要用以方便管理员进行设置或者管理。但是 Shell 脚本比 Windows 下的批处理更强大，比用其他编程程序编辑的程序效率更高，毕竟它使用了 Linux/UNIX 下的命令。

换一种说法也就是，Shell Script 是利用 Shell 的功能所写的一个程序，这个程序使用纯文本文件，将一些 Shell 的语法与指令写在里面，然后用正规表示法、管线命令以及数据流重导向等功能，以达到我们所想要的处理目的。

更明白地来说，Shell Script 就像早期 DOS 年代的.bat 文件，后者最简单的功能就是将许多指令汇整写在一起，让使用者很容易就能够以一个操作执行多个命令，而 Shell Script 更是提供了数组、循环、条件以及逻辑判断等重要功能，使用者可以直接以 Shell 语法来写程序，而不必使用类似 C 程序语言等传统程序的编写语法。

8.2 Shell 脚本的基本语法

对于任何想适当精通一些系统管理知识的人来说，掌握 Shell 脚本知识都是最基本的，即使这些人可能并不打算真正的编写一些脚本。想一下 Linux 机器的启动过程，在这个过程中，必将运行/etc/rc.d 目录下的脚本来存储系统配置和建立服务。详细理解这些启动脚本对分析系统的行为是非常重要的，并且有时候可能必须修改它。

学习如何编写 Shell 脚本并不是一件很困难的事，因为脚本可以分为很小的块，并且相对于 Shell 特性的操作和选项部分，我们只需要学习很小的一部分就可以了。Shell语法简单并且直观，编写脚本很像是在命令行上把一些相关命令和工具连接起来，并且只有很少的一部分规则需要学习。绝大部分脚本第一次就可以正常地工作，而且即使调试一个长一些的脚本也是很直观的。

使用Shell脚本是类似于在小吃店就餐的一个“权宜但有效”(Quick and Dirty)方案。在使用原型设计一个复杂的应用的时候，在工程开发的第一阶段，即使从功能中取得很有限的一个子集放到Shell脚本中来完成往往都是非常有用的。使用这种方法，程序的结果可以被测试和尝试运行，并且在处理使用诸如C/C++、Java或者Perl语言编写的最终代码前，主要的缺陷和陷阱往往就被发现了。

Shell脚本遵循典型的UNIX哲学,该哲学就是把大的复杂的工程分成小规模的子任务，并且把这些部件和工具组合起来。许多人认为这种办法更好一些，至少这种办法比使用那种高、大、全的语言更美、更愉悦、更适合解决问题。比如Perl就是这种能干任何事、能适合任何人的语言，但是代价就是读者需要强迫自己使用这种语言来思考解决问题的办法。

8.2.1 开头

可以使用任意一种文字编辑器，比如gedit、kedit、emacs、vi等来编写Shell脚本，但是程序必须以下面的行开始（必须放在文件的第一行）：

```
#!/bin/bash
……
```

符号#!用来告诉系统它后面的参数是用来执行该文件的程序。在这个例子中使用bash来执行程序。

编辑完该文件之后不能立即执行它，需给文件设置可执行程序权限。使用如下命令：

```
Linux@ubuntu:~/Shell$ chmod +x filename
```

这样才能用./filename来运行。

8.2.2 执行

shell脚本执行

执行Shell程序有下面3种方法。

方法一：

```
Linux@ubuntu:~/Shell$ ./ date.sh
Mon Feb 18 10:57:40 CST 2012
```

方法二：

另一种执行date的方法就是把它作为一个参数传递给Shell命令：

```
Linux@ubuntu:~/Shell$ bash date.sh
Mon Feb 18 10:57:40 CST 2012
```

方法三：

为了在任何目录都可以编译和执行 Shell 所编写的程序，可把/home/Linux/Shell 的这个目录添加到整个环境变量中。

具体操作如下：

```
Linux@ubuntu:~/Shell$  export PATH= /home/Linux/Shell:$PATH
Linux@ubuntu:~/Shell$ ./ date.sh
Mon Feb 18 10:57:40 CST 2012
```

8.2.3 注释

在进行 Shell 编程时，以#开头的句子表示注释，直到这一行的结束。本书真诚地建议读者在程序中使用注释。

如果读者使用了注释，那么即使有相当长的时间没有使用该脚本，也能在很短的时间内明白该脚本的作用及工作原理。

8.2.4 变量

在其他编程语言中必须使用变量。在 Shell 编程中，所有的变量都由字符串组成，并且不需要对变量进行声明。

shell 脚本变量

在 Bourne Shell 有如下 4 种变量：

- 用户自定义变量；
- 位置参数即命令行参数；
- 预定义变量；
- 环境变量。

1. 用户自定义变量

Shell 允许用户建立 变量存储数据，但它不支持数据类型（整型、字符、浮点型）。任何赋给变量的值都被 Shell 解释为一串字符，变量命名规则同 C++中的命名规则，如下所示。

- 首个字符必须为字母（a～z，A～Z） 或者下划线（_）。
- 中间不能有空格，可以使用下划线（_）。
- 不能使用其他标点符号。

需要给变量赋值，可以这样写：

```
变量名=值
```

这里要注意：变量赋值时，等号两边都没有空格。

在 Shell 编程中通常使用全大写变量，方便识别，比如：

```
COUNT=1
```

变量的调用：要取用一个变量的值，只需在变量名前面加一个$，比如：

例 8-1

```
#!/bin/bash
# 对变量赋值：
VAR="hello world"  #等号两边均不能有空格存在
# 打印变量VAR的值：
echo "VAR is:" $VAR
```

Linux Shell/bash 从右向左赋值，比如：

例 8-2

```
#! /bin/bash
Y=y
X=$Y
echo X=$X
```

执行结果如下：

```
Linux@ubuntu:~/shell$ ./file.sh
Linux@ubuntu:~/shell$ X=y
```

有时候变量名很容易与其他文字混淆，比如：

例 8-3

```
num=2
echo "this is the $numnd"
```

这并不会打印出“this is the 2nd”，而仅仅打印“this is the”，因为 Shell 会去搜索变量 numnd 的值，但是这个变量是没有值的。可以使用花括号来告诉 Shell 要打印的是 num 变量：

```
num=2
echo "this is the ${num}nd"
```

此时将打印：this is the 2nd

使用 unset 命令可删除变量的赋值，如下所示：

例 8-4

```
Z=hello
echo $Z
```

#这将打印：hello

```
Linux@ubuntu:~/shell$ unset Z
Linux@ubuntu:~/shell$ echo $Z
Linux@ubuntu:~/shell$
```

2. 位置参数

由系统提供的参数称为位置参数。位置参数的值可以用$N 得到，N 是一个数字，如果为 1，即$1。类似 C 语言中的数组，Linux 会把输入的命令字符串分段并给每段标号，标号从 0 开始。第 0 号为程序名字，从 1 开始就表示传递给程序的参数。如$0 表示程序的名字，$1 表示传递给程序的第一个参数，以此类推。

```
$0    与键入的命令行一样，包含脚本文件名
$1,$2,…,$9   分别包含第一个到第九个命令行参数
```

3. 预定义变量

预定义变量是在 Shell 一开始时就定义了的变量。所不同的是，用户只能根据 Shell 的定义来使用这些变量，而不能重定义它。所有预定义变量都是由$符和另一个符号组成的，常用的 Shell 预定义变量有如下几个。

- $#：包含命令行参数的个数。
- $@：包含所有命令行参数："$1,$2,…,$9"。
- $?：包含前一个命令的退出状态，正常退出返回 0，反之为非 0 值。
- $*：包含所有命令行参数："$1,$2,…,$9"。
- $$：包含正在执行进程的 ID 号。

实例：编写一个 Shell 程序，打印出 Shell 命令行参数中的位置参数及预定义变量$0、$#、$?、$*的内容。程序名为 test1，代码如下：

例 8-5

```
#! /bin/bash
echo "Program name is $0"
echo "There are totally $# parameters passed to this program"
echo "The last is $?"
echo "The parameters are $*"
```

执行后的结果如下：

```
Linux@ubuntu:~/shell$ ./test1 1 2 3 4 5 6 //传递6个参数
Program name is test1              //给出程序的完整路径和名字
There are totally 6 parameters passed to this program //参数的总数
The last is 0                                        //程序执行效果
The parameters are 1 2 3 4 5 6                 //返回由参数组成的字符串
```

命令不计算在参数内。

实例：编写一个名为 test2 的简单删除程序，如删除的文件名为 a，则在终端中输入的命令为 test a。

分析：除命令外至少还有一个位置参数，即$#不能为 0，删除不能为$1，程序设计过程如下：

例 8-6

```
#! /bin/bash
echo "Program name is $0"
if test $# -eq 0
then
echo "Please specify a file!"
else
 gzip $1                          //现对文件进行压缩
rm $1.gz                          //删除文件
echo"File $1 is deleted!"
fi
```

执行后的结果如下。

```
Linux@ubuntu:~/shell$ ./test2 a //传递1个参数
Program name is test2
File a is deleted!
```

4. 环境变量

环境变量用于所有的用户进程。在 Linux 中，登录进程称为父进程，Shell 中执行的用户程序均称为子进程。环境变量可以在命令行中设置，但用户注销时这些值将丢失，因此最好在$HOME/目录下的.profile 中定义，传统上环境变量均为大写。环境变量应用于用户进程之前，必须用 export 命令导出，设置方法与本地变量设置方法相同。

常见的环境变量如下。

- HOME：/etc/passwd 文件中列出的用户主目录。
- IFS：内部字段分隔符（Internal Field Separator），默认为空格，tab 及换行符。
- PATH：shell 搜索路径。
- PS1，PS2：默认提示符($)及换行提示符(>)。
- TERM：终端类型，常用的有 vt100、ansi、vt200、xterm 等。
- HISTSIZE：保存历史命令记录的条数。
- LOGNAME：当前用户登录名。
- HOSTNAME：主机名称，若应用程序要用到主机名的话，一般是从这个环境变量中取得。
- SHELL：当前用户用的是哪种 Shell。
- LANG/LANGUGE:和语言相关的环境变量，使用多种语言的用户可以修改此环境变量。
- MAIL：当前用户的邮件存放目录。
- TMOUT：用来设置脚本过期的时间，比如 TMOUT=3，表示该脚本 3 秒后过期。
- UID：已登录用户的 ID。
- USER：显示当前用户名字。
- SECONDS：记录脚本从开始到结束耗费的时间。

设置环境变量的方法：

- echo：显示指定环境变量。
- export：设置新的环境变量。
- env：显示所有环境变量。
- set：显示所有本地定义的 Shell 变量。
- unset：清除环境变量。

实例：显示环境变量 HOME。

例 8-7

```
Linux@ubuntu:~/Shell$echo $HOME
/home/Linux
```

实例：设置一个新的环境变量 hello。

例 8-8

```
Linux@ubuntu:~/Shell export HELLO="Hello!"
Linux@ubuntu:~/Shell echo $HELLO
Hello!
```

实例：使用 env 命令显示所有的环境变量。

例 8-9

```
Linux@ubuntu:~/Shell env
ORBIT_SOCKETDIR=/tmp/orbit-mdx
SSH_AGENT_PID=1751
TERM=xterm
SHELL=/bin/bash
XDG_SESSION_COOKIE=1e3dbd5acd62cb157e6f8fcc00000006-1358984515.198107-480474811
WINDOWID=63440380
GNOME_KEYRING_CONTROL=/tmp/keyring-VPd7xb
GTK_MODULES=canberra-gtk-module
USER=mdx
LS_COLORS=rs=0:di=01;34:ln=01;36:mh=00:pi=40;33:so=01;35:do=01;35:bd=40;33;01:cd=40;33;01:or=40;31;01:su=37;41:sg=30;43:ca=30;41:tw=30;42:ow=34;42:st=37;44:ex=01;32:*.tar=01;31:*.tgz=01;31:*.arj=01;31:*.taz=01;31:*.lzh=01;31:*.lzma=01;31:*.tlz=01;31:*.txz=01;31:*.zip=01;31:*.z=01;31:*.Z=01;31:*.dz=01;31:*.gz=01;31:*.lz=01;31:*.xz=01;31:*.bz2=01;31:*.bz=01;31:*.tbz=01;31:*.tbz2=01;31:*.tz=01;31:*.deb=01;31:*.rpm=01;31:*.jar=01;31:*.rar=01;31:*.ace=01;31:*.zoo=01;31:*.cpio=01;31:*.7z=01;31:*.rz=01;31:*.jpg=01;35:*.jpeg=01;35:*.gif=01;35:*.bmp=01;35:*.pbm=01;35:*.pgm=01;35:*.ppm=01;35:*.tga=01;35:*.xbm=01;35:*.xpm=01;35:*.tif=01;35:*.tiff=01;35:*.png=01;35:*.svg=01;35:*.svgz=01;35:*.mng=01;35:*.pcx=01;35:*.mov=01;35:*.mpg=01;35:*.mpeg=01;35:*.m2v=01;35:*.mkv=01;35:*.ogm=01;35:*.mp4=01;35:*.m4v=01;35:*.mp4v=01;35:*.vob=01;35:*.qt=01;35:*.nuv=01;35:*.wmv=01;35:*.asf=01;35:*.rm=01;35:*.rmvb=01;35:*.flc=01;35:*.avi=01;35:*.fli=01;35:*.flv=01;35:*.gl=01;35:*.dl=01;35:*.xcf=01;35:*.xwd=01;35:*.yuv=01;35:*.cgm=01;35:*.emf=01;35:*.axv=01;35:*.anx=01;35:*.ogv=01;35:*.ogx=01;35:*.aac=00;36:*.au=00;36:*.flac=00;36:*.mid=00;36:*.midi=00;36:*.mka=00;36:*.mp3=00;36:*.mpc=00;36:*.ogg=00;36:*.ra=00;36:*.wav=00;36:*.axa=00;36:*.oga=00;36:*.spx=00;36:*.xspf=00;36:
SSH_AUTH_SOCK=/tmp/keyring-VPd7xb/ssh
DEFAULTS_PATH=/usr/share/gconf/gnome.default.path
SESSION_MANAGER=local/miaodexing:@/tmp/.ICE-UNIX/1720,UNIX/miaodexing:/tmp/.ICE-UNIX/1720
USERNAME=mdx
XDG_CONFIG_DIRS=/etc/xdg/xdg-gnome:/etc/xdg
DESKTOP_SESSION=gnome
LIBGL_ALWAYS_INDIRECT=1
PATH=/usr/jdk1.5.0_21/bin:/usr/local/sbin:/usr/local/bin:/usr/sbin:/usr/bin:/sbin:/bin:/usr/games:/home/mdx/Android/arm/4.2.2-eabi/usr/bin/:/home/mdx/toolchain/bin/
```

```
QT_IM_MODULE=xim
PWD=/home/mdx/130111/Linux/Shell
JAVA_HOME=/usr/jdk1.5.0_21
XMODIFIERS=@im=ibus
...
OLDPWD=/home/mdx
```

实例：使用 set 命令显示所有本地定义的 Shell 变量。

例 8-10

```
BASH=/bin/bash
BASHOPTS=checkwinsize:cmdhist:expand_aliases:extglob:extquote:force_fignore:hi
stappend:interactive_comments:progcomp:promptvars:sourcepath
BASH_ALIASES=()
BASH_ARGC=()
BASH_ARGV=()
BASH_CMDS=()
BASH_COMPLETION=/etc/bash_completion
BASH_COMPLETION_COMPAT_DIR=/etc/bash_completion.d
BASH_COMPLETION_DIR=/etc/bash_completion.d
BASH_LINENO=()
BASH_SOURCE=()
BASH_VERSINFO=([0]="4" [1]="1" [2]="5" [3]="1" [4]="release" [5]="i686-pc-Linux-gn u")
...
quote_readline ()
{
    local quoted;
    _quote_readline_by_ref "$1" ret;
    printf %s "$ret"
}
```

实例：使用 unset 命令来清除环境变量。

set 可以设置某个环境变量的值。清除环境变量的值用 unset 命令。如果未指定值，则该变量值将被设为 NULL。示例如下。

例 8-11

```
Linux@ubuntu:~/Shell$ export TEST="Test..." #增加一个环境变量TEST
Linux@ubuntu:~/Shell$ env | grep TEST #此命令有输出，证明环境变量TEST已经存在了
TEST=Test...
Linux@ubuntu:~/Shell$ unset $TEST             #删除环境变量TEST
Linux@ubuntu:~/Shell$ env | grep TEST         #此命令没有输出，证明环境变量TEST
已经不存在了
```

8.2.5 Shell 程序和语句

一个 Shell 程序由零或多条 Shell 语句构成。Shell 语句包括 3 类：说明性语句、功能性语句和结构性语句。

1. 说明性语句

说明性语句即注释行，注释行可以出现在程序中的任何位置，既可以单独占用一行，也可以接在执行语句的后面。以#号开始到所在行的行尾部分

的语句是指说明性语句都不被解释执行。

2．功能性语句

在 Shell 程序设计中的变量采用赋值的方法具有一定的局限性，因为我们经常需要从外部获取变量的值。从外部获取变量值可以采用键盘变量值。

（1）键盘读入变量值。

在 Shell 程序设计中，变量的值可以作为字符串从键盘读入，其格式为

```
read变量
```

实例：编写一个 Shell 程序 test3，程序执行时从键盘读入一个目录名，然后显示这个目录下所有文件的信息。

Shell 脚本功能语句 read

分析：存放目录的变量为 DIRECTORY，其读入语句为

```
read DIRECTORY
```

显示文件的信息命令为 ls a

例 8-12

```
#!/bin/bash
echo"please input name of directory"
read DIRECTORY
ls $DIRECTORY -a
```

执行结果如下。

```
Linux@ubuntu:~/Shell$ ./test3
please input name of directory
/home/Linux
…workdir
```

实例：运行程序 test4，从键盘读入年月日，然后按照固定格式输出结果。代码如下。

例 8-13

```
#!/bin/bash
echo "Input  date  with  format  yyyy  mm dd: "
read  year  month  day
echo  "Today  is  $year/$month/$day,  right?"
echo  "Press  enter  to  confirm  and  continue"
read  answer
echo "I  know  the  date,  bye!"
```

执行结果如下。

```
Linux@ubuntu:~/Shell$ ./test4
Input  date  with  format  yyyy  mm dd:
2012 12 12
Today  is  2012/12/12,  right?
Press  enter  to  confirm  and  continue
y
I  know  the  date,  bye!
```

（2）算术运算命令。

算术运算命令 expr 主要用于进行简单的整数运算，包括加（+）、减（-）、乘（*）、整除（/）和求模（%）等操作。

运行程序 test5，从键盘读入 var1、var2 的值，然后做加法运算，最后输出结果。代码如下。

例 8-14

```
#! /bin/bash
echo "please input tow numbers:"

read var1
read var2

add='expr $var1 + $var2'
sub='expr $var1 - $var2'
mul='expr $var1 \* $var2'
div='expr $var1 / $var2'
mod='expr $var1 % $var2'

echo '$var1+$var2'=$add
echo '$var1-$var2'=$sub
echo '$var1*$var2'=$mul
echo '$var1/$var2'=$div
echo '$var1%$var2'=$mod
```

执行结果如下。

```
Linux@ubuntu:~/Shell$ ./test5
please input tow numbers:
8
4
$var1+$var2=12
$var1-$var2=4
$var1*$var2=32
$var1/$var2=2
$var1%$var2=0
```

表达式 z=`expr $x + $y`中的符号“`”为键盘左上角的【`】键，即反引号。

（3）test 命令。

test 语句可测试 3 种对象：

字符串	整数	文件属性

每种测试对象都有若干测试操作符，下面分别进行介绍。

① 字符串测试。

- s1 = s2　测试两个字符串的内容是否完全一样
- s1 != s2　测试两个字符串的内容是否有差异
- -z s1　测试 s1 字符串的长度是否为 0

- -n s1　　测试 s1 字符串的长度是否不为 0

实例：从键盘输入两个字符串，判断这两个字符串是否相等，如相等输出。代码如下。

例 8-15

```
#!/bin/bash
read var1
read var2
["$var1" = "$var2" ]
echo $? #?保存前一个命令的返回码
```

执行结果如下。

```
Linux@ubuntu:~/Shell$ ./test6
111
222
1
```

"[" 后面和 "]" 前面及等号 "=" 的前后都应有一个空格；这里是程序的退出情况，如果 var1 和 var2 的字符串是不相等的非正常退出，则输出结果为 1。

实例：比较字符串长度是否大于零。代码如下。

例 8-16

```
#!/bin/bash
read var1
[  -n "$ar" ]
echo $?    //保存前一个命令的返回码
```

执行结果如下。

```
Linux@ubuntu:~/Shell$ ./test6
ff
0
```

运行结果若为 1，表示 var 的长度小于等于零，0 表示 var 的长度大于零。

② 整数测试。

- a -eq b　　测试 a 与 b 是否相等
- a -ne b　　测试 a 与 b 是否不相等
- a -gt b　　测试 a 是否大于 b
- a -ge b　　测试 a 是否大于等于 b
- a -lt b　　测试 a 是否小于 b
- a -le b　　测试 a 是否小于等于 b

实例：比较两个数字是否相等。代码如下。

例 8-17

```
#!/bin/bash
read x y
if test $x-eq $y
 then
   echo "$x=$y"
else
   echo "$x!=$y"
fi
```

执行结果如下。

```
Linux@ubuntu:~/Shell$ ./test7
3 4
3! =4
```

③ 文件测试。

文件测试操作表达式通常是为了测试文件的信息，一般由脚本来决定文件是否应该备份、复制或删除。由于 test 关于文件的操作符有很多，下面只列举一些常用的操作符。

- -d name　　测试 name 是否为一个目录。
- -f name　　测试 name 是否为普通文件。
- -L name　　测试 name 是否为符号链接。
- -r name　　测试 name 文件是否存在且为可读。
- -w name　　测试 name 文件是否存在且为可写。
- -x name　　测试 name 文件是否存在且为可执行。
- -s name　　测试 name 文件是否存在且其长度不为 0。
- f1 -nt f2　　测试文件 f1 是否比文件 f2 更新。
- f1 -ot f2　　测试文件 f1 是否比文件 f2 更旧。

实例：判断 Shell 目录是否存在于/home/Linux 下。代码如下。

例 8-18

```
#! /bin/bash
[ -d /home/Linux/Shell ]
echo $?      #保存前一个命令的返回码
```

执行结果如下。

```
Linux@ubuntu:~/Shell$ ./test8
0
```

运行结果是返回参数“$?”，结果 1 表示判断的目录不存在，0 表示判断的目录存在。

实例：编写一个 Shell 程序 test9，输入一个字符串，如果是目录，则显示目录下的信息，如为文件显示文件的内容。代码如下。

例 8-19

```
#! /bin/bash
echo "Please enter the directory name or filename"
read DIR
if [ -d $DIR ];then
  ls $DIR
elif [ -f $DIR ];then
  cat  $DIR
else
  echo "input error!""
fi
echo $?     #保存前一个命令的返回码
```

执行结果如下。

```
Linux@ubuntu:~/Shell$ ./test9
Please enter the directory name or filename
test7
#!/bin/bash
read x y
if test $x-eq $y
   then
      echo "$x=$y"
else
      echo "$x!=$y"
fi
0
```

3．结构性语句

结构性语句主要根据程序的运行状态、输入数据、变量的取值、控制信号以及运行时间等因素来控制程序的运行流程。

主要包括：条件测试语句（两路分支）、多路分支语句、循环语句、循环控制语句等。

（1）条件测试语句。

语法结构：

```
if     表达式
      then   命令表
fi
```

如果表达式为真，则执行命令表中的命令；否则退出 if 语句，即执行 fi 后面的语句。

if 和 fi 是条件语句的语句括号，必须成对使用；命令表中的命令可以是一条，也可以是若干条。

实例：测试命令行参数是否为已存在的文件或目录，用法为使用如下命令行。

```
./prog2.sh    file
```

代码如下。

例 8-20

```
#! /bin/bash
#The statement of  if…then…fi                    (注释语句)
if   [  -f   $1  ]                               #(测试参数是否为文件)
then
echo "File  $1  exists"                          #(引用变量值)
fi
if   [  -d   $HOME/$1  ]                         #(测试参数是否为目录)
then
echo "File  $1 is  a  directory"                 #(引用变量值)
fi
```

执行 prog2 程序:

```
Linux@ubuntu:~/Shell$ ./prog2.sh    prog1.sh
File  prog1.sh exists
```

上述命令行中，$0 为 prog2.sh；$1 为 prog1.sh，是一个已存在的文件。

```
Linux@ubuntu:~/Shell$ ./prog2.sh    backup
File  backup is  a directory
```

上述命令行中，$0 为 prog2.sh；$1 为 backup,是一个已存在的目录。

通常用“[ ]”来表示条件测试。注意，这里的空格很重要，要确保方括号的空格。

学习过 C 语言的同学都知道，if 通常和 else 配对使用，在 Shell 中，同样也支持。

语法结构为:

```
if      表达式
then    命令表1
else    命令表2
fi
```

如果表达式为真，则执行命令表 1 中的命令，并退出 if 语句；否则执行命令表 2 中的语句，再退出 if 语句。

实例：上述实例中，如果 prog2.sh 不跟参数，会是什么结果？针对此问题，我们改进 prog2.sh，代码如下。

例 8-21

```
#! /bin/bash
#The statement of if…then…else…fi
if   [  -d  $1  ]
then
     echo "$1  is  a  directory"
     exit             #(退出当前的shell程序)
else
     if  [  -f   $1  ]
     then
          echo  "$1  is  a  common  file"
```

```
        else
            echo  "unknown"
        fi
fi
```

运行 prog3.sh 程序。

```
Linux@ubuntu:~/Shell$ ./prog3.sh   backup
backup  is  a  directory
```

假设 backup 是已存在的目录。

```
Linux@ubuntu:~/Shell$ ./prog3.sh   file.sh
file.sh  is  a  common  file
```

假设 file.sh 是已存在的文件。

```
Linux@ubuntu:~/Shell$ ./prog3.sh   abc
unknown
```

假设当前路径下不存在 abc 这个文件或目录。

由此可以看出，prog3.sh 是对 prog2.sh 的优化，逻辑结构更加清晰合理！

（2）多路分支语句。

多路分支语句 case 用于多重条件测试，语法结构清晰自然。其语法为：

```
case    字符串变量    in                #（case语句只能检测字符串变量）
            模式1)                      #（各模式中可用文件名元字符，以右括号结束）
                      命令表1
                       ;;              #（命令表以单独的双分号行结束，退出case语句）
            模式2)
                      命令表2
                       ;;
             ……
            模式n)                      #（模式n常写为字符* 表示所有其他模式）
                      命令表n
                       ;;              #（最后一个双分号行可以省略）
   esac
```

实例：程序 prog4.sh 检查用户输入的文件名。语法为：

```
./prog4.sh     string_name
```

代码如下。

例 8-22

```
# The statement of  case...esac
if   [  $#   -eq   0  ]
then
        echo   "No argument is declared"
        exit
fi
case  $1  in
        file1)
              echo   "User selects file1"
              ;;
        file2)
              echo   "User selects file2"
              ;;
```

```
        *)
                echo  "You must select either file1 or file2!"
                ;;
esac
```

执行结果如下。

```
Linux@ubuntu:~/Shell$ ./prog4.sh   file1
User selects file1
```

（3）循环语句——for。

循环语句有两种形式。当循环次数已知或确定时，可使用 for 循环语句来多次执行一条或一组命令。循环体由语句括号 do 和 done 来限定。格式为：

```
for   变量名   in   单词表
do
   命令表
done
```

变量依次取单词表中的各个单词，每取一次单词，就执行一次循环体中的命令。循环次数由单词表中的单词数确定。命令表中的命令可以是一条，也可以是由分号或换行符分开的多条。

如果单词表是命令行上的所有位置参数时，可以在 for 语句中省略 “in 单词表”部分。

实例：程序 prog5.sh 复制当前目录下的所有文件到 backup 子目录下。使用语法为：

```
./prog5.sh    [filename]
```

代码如下。

例 8-23

```
#!/bin/bash
# The statement of for…do…done
if  [  !  -d  $HOME/backup  ]
then
 mkdir  $HOME/backup
fi
flist=`ls`                              # flist的值是ls的执行结果，即当前目录下的文件名
for  file  in  $flist
do
 if   [  $#  =  1  ]                    #命令行上有一个参数时
 then
      if   [  $1  =  $file  ]
      then
           echo  "$file  found" ;  exit
      fi
 else                                   #命令行上不带参数时
      cp  $file  $HOME/backup
      echo  "$file  copied"
 fi
done
echo   ***Backup  Completed***
```

执行结果如下。

```
Linux@ubuntu:~/Shell$ ./prog5.sh
test10.sh copied
test1.sh copied
test2.sh copied
test3 copied
test3.sh copied
test4.sh copied
test5.sh copied
test6.sh copied
test7.sh copied
test8.sh copied
test9.sh copied
test.sh copied
until.sh copied
$var2 copied
***BackupCompleted***
```

上面 for 循环的执行次数是可以计算的，下面来看看循环次数无法事先确定的情况。

（4）循环语句——while。

其语法结构为：

```
while      命令或表达式
do
   命令表
done
```

while 语句首先测试一次其后的命令或表达式的值，如果为真，就执行循环体中的命令，然后再测试该命令或表达式的值，执行循环体，直到该命令或表达式为假时退出循环。

也就是说，while 语句的退出状态为命令表中被执行的最后一条命令的退出状态。

实例：创建文件程序 prog6，批量生成空白文件，用法为：

```
        ./prog6    file    [number]
```

代码如下。

例 8-24

```
#!/bin/bash
# The statement for  while
if [ $# = 2 ]
then
     loop=$2                          #根据命令行的第二个参数来确定循环的次数
else
     loop=5
fi
i=1
while  [  $i  -lt   $loop  ]
do
```

```
    > $1$i                    #建立以第一个参数为前缀，例如以“file”开头
                              #变量i的值结尾的空文件名. 参见命令cmd  >  file
    i='expr  $i  +  1'
done
```

执行结果如下。

```
Linux@ubuntu:~/Shell$ ./prog6.sh file 4
```

这时读者会发现，在当前目录下生成了 3 个空文件：file1、file2、file3。

```
Linux@ubuntu:~/Shell$ ll
-rw-r--r-- 1 mdx mdx       0 2012-02-19 14:47 file1
-rw-r--r-- 1 mdx mdx       0 2012-02-19 14:47 file2
-rw-r--r-- 1 mdx mdx       0 2012-02-19 14:47 file3
```

（5）循环控制语句。

Shell 脚本中，循环控制语句有 break 和 continue。break n 表示跳出 n 层；continue 语句表示马上转到最近一层循环语句的下一轮循环上，continue n 则转到最近 n 层循环语句的下一轮循环上。

实例：continue 跳出一层循环，转到下一层循环。这里跳出第五层循环，继续执行下一层循环。代码如下。

例 8-25

```
#!/bin/bash
for i in 1 2 3 4 5 6 7 8 9
do
    if [ $i -eq 5 ]
    then
        continue
    fi
    echo    "$i"
done
```

执行结果如下。

```
Linux@ubuntu:~/Shell$ ./break.sh
1
2
3
4
6
7
8
9
```

从结果中可以发现，第五层循环没有执行，但是其他层循环未受影响。

下面用 break 来改写一下上述例子，代码如下。

例 8-26

```
#!/bin/bash
for i in 1 2 3 4 5 6 7 8 9 10
do
    if [ $i -eq 5 ]
    then
```

```
            #continue
            break
        fi
        echo      "$i"
done
```

执行结果如下。

```
Linux@ubuntu:~/Shell$ ./break.sh
1
2
3
4
```

此结果一目了然，break 结束了整个循环，程序直接退出。

8.2.6 Shell 函数

在 Shell 程序中，常常把完成固定功能，且多次使用的一组命令（语句）封装在一个函数里，每当要使用该功能时只需调用该函数即可。

函数在调用前必须先定义，即在顺序上函数说明必须放在调用程序的前面。

调用程序可传递参数给函数，函数可用 return 语句把运行结果返回给调用程序。函数只在当前 Shell 中起作用，不能输出到子 Shell 中。

1. 函数定义格式

方式一：

```
function_name ( )
{
        command1
        ……
        commandn
}
```

方式二：

```
function function_name ( )
{
        command1
        ……
        commandn
}
```

2. 函数调用格式

方式一：

```
value_name=`function_name  [arg1 arg2…]`
```

函数的所有标准输出都传递给了主程序的变量。

方式二：

```
function_name  [arg1  arg2…]
echo    $?
```

3. $? 获取函数的返回的状态

实例：编写函数查找已登录的指定用户。代码如下。

例 8-27

```
#! /bin/bash
check_user( )       #查找已登录的指定用户
{
   user=`who  |  grep  $1 | wc -l`
        if [ $user-eq 0 ]
        then
                return  0       #未找到指定用户
        else
                return  1       #找到指定用户
        fi
}
while  true           #   program  begin  here
do
        echo  "Input username: \c"
        read   uname
        check_user  $uname        # 调用函数，并传递参数uname
        if [ $?  - eq  1 ]                # $?为函数返回值
        then    echo  "user  $uname  online"
        else    echo  "user  $uname  offline"
        fi
done
```

执行结果如下。

```
Linux@ubuntu:~/Shell$ ./fun1.sh
Inputusername:
mdx
user mdx online
Inputusername:
fff
user fff offline
Inputusername:
```

实例：编写一函数 add 求两个数的和，这两个数用位置参数传入，并输出结果。代码如下。

例 8-28

```
#!/bin/bash
add()
{
a=$1
b=$2
z='expr $a + $b'
echo "The sum is$z"
}
add $1 $2
```

执行结果如下。

```
Linux@ubuntu:~/shell$ ./fun2.sh 3 4
The sum is 7
```

函数定义完成后必须同时写出函数的调用，然后对此文件进行权限设定，再执行此文件。

8.2.7 Shell 脚本调用

在 Shell 脚本的执行过程中，支持调用另一个 Shell 脚本，调用的格式为：

```
脚本名
```

实例：在 test1.sh 调用 test2.sh。两脚本文件的代码分别如下。

例 8-29

```
#test1脚本
#!/bin/bash
echo "The main name is $0"
./test2
echo "The first string is $1"
#test2脚本
#!/bin/bash
echo "How are you $USER?"
```

执行结果如下。

```
Linux@ubuntu:~/Shell$./ test1 abc
The main name is ./test1
How are you root?
the first string is abc
```

（1）在 Linux 编辑中命令区分大小写字符；

（2）在 Shell 语句中加入必要的注释，以便以后查询和维护，注释以#开头；

（3）对 Shell 变量进行数字运算，使用乘法符号“*”时，要用转义字符“\”进行转义；

（4）由于 Shell 对命令中多余的空格不进行任何处理，因此程序员可以利用这一特性调整程序缩进，达到增强程序可读性效果；

（5）在对函数命名时最好能使用有含义且容易理解的名字，即使函数名能够比较准确地表达函数所完成的任务，同时建议对较大的程序要建立函数名和变量命名对照表。

8.3 Shell 俄罗斯方块游戏

俄罗斯方块（Tetris，俄文：Тетрис）是一款风靡全球的电视游戏机和掌上游戏机游戏，它由俄罗斯人阿列克谢·帕基特诺夫发明，故得此名。俄罗斯方块的基本规则是移动、旋转和摆放游戏自动输出的各种方块，使之排列成完整的一行或多行并且消除得分。由于上手简单、老少皆宜，从而家喻户晓，风靡世界。网上有人已经用 C 语言写了一个俄罗斯方块游戏。现在，我们一起用 Shell 语言开始编写自己的俄罗斯方块吧。

8.3.1 方块定义

首先，先来看一下俄罗斯方块都有哪些方块。

通过观察发现，俄罗斯方块游戏中有七种不同的方块。下面先给出它们的 Shell 定义，随后将对代码进行解释。

```
#通过旋转，每种方块的显示的样式可能有多种
box0=(0 0 0 1 1 0 1 1)                                                    如图8-1所示
box1=(0 2 1 2 2 2 3 2 1 0 1 1 1 2 1 3)                                    如图8-2所示
box2=(0 0 0 1 1 1 1 2 0 1 1 0 1 1 2 0)                                    如图8-3所示
box3=(0 1 0 2 1 0 1 1 0 0 1 0 1 1 2 1)                                    如图8-4所示
box4=(0 1 0 2 1 1 2 1 1 0 1 1 1 2 2 2 0 1 1 1 2 0 2 1 0 0 1 0 1 1 1 2)  如图8-5所示
box5=(0 1 1 1 2 1 2 2 1 0 1 1 1 2 2 0 0 0 0 1 1 1 2 1 0 2 1 0 1 1 1 2)  如图8-6所示
box6=(0 1 1 1 1 2 2 1 1 0 1 1 1 2 2 1 0 1 1 0 1 1 2 1 0 1 1 0 1 1 1 2)  如图8-7所示
#所有七种方块的定义都放到box变量中
box=(${box0[@]} ${box1[@]} ${box2[@]} ${box3[@]} ${box4[@]} ${box5[@]} ${box6[@]})
```

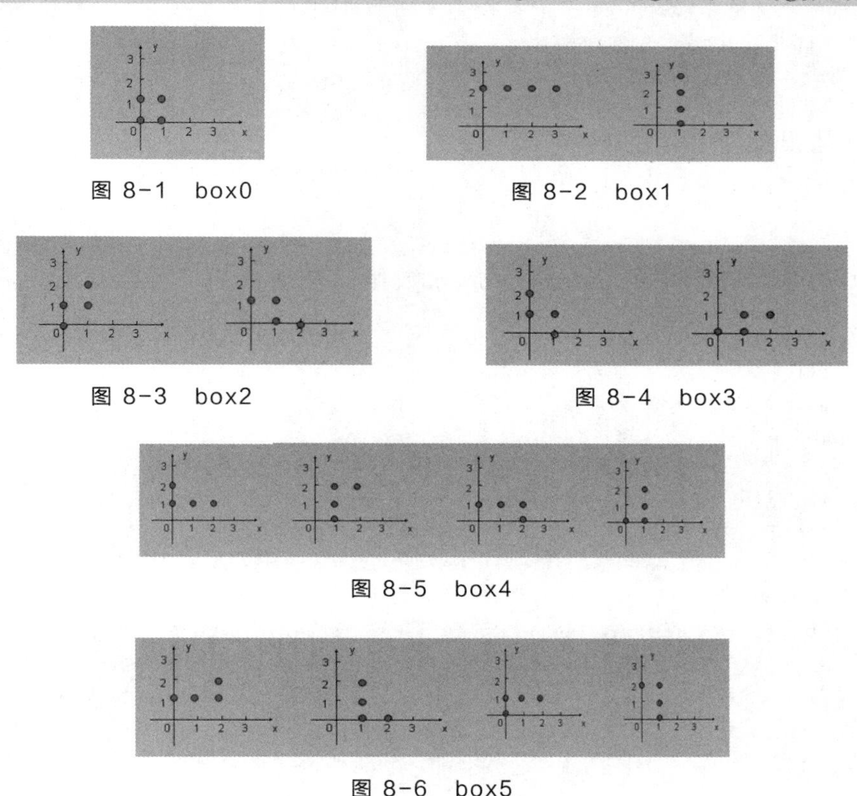

图 8-1 box0

图 8-2 box1

图 8-3 box2

图 8-4 box3

图 8-5 box4

图 8-6 box5

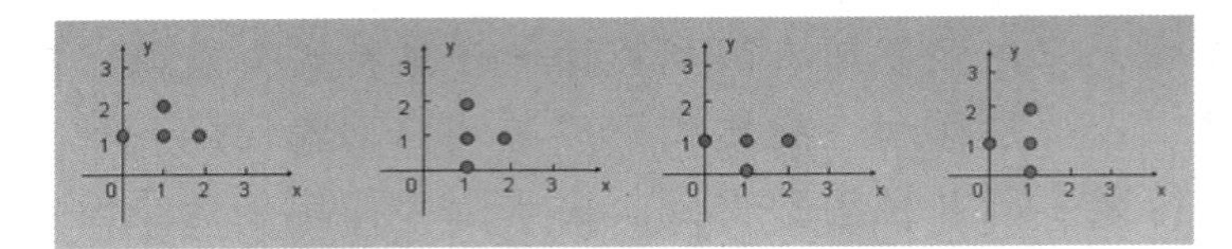

图 8-7　box6

从上面我们可以看出，每幅图都对应有一个 box = ()，这个是什么呢？它是 Shell 中的数组，后面括号里面放的是它的元素，即坐标点。

接下来了解一下 Shell 中有关数组的知识点。

Bash 中，数组变量的赋值有两种方法。

方法一：

```
name=(value1 ... valuen)   此时下标从0开始
```

方法二：

```
name[index]=value
```

下面以两个简单的脚本来说明。

实例：Shell 数组定义。脚本内容如下。

例 8-30

```
#!/bin/bash
#定义数组
A=(a    b    c    def)
#把数组按字符串显示输出
echo ${A[@]}或echo ${A[*]}
#计算数组元素个数
${#array[@]}   或者   ${#array[*]}
```

执行结果如下：

```
Linux@ubuntu:~/Shell$./ test3
a b c def
4
```

实例：将字符串里的字母逐个放入数组，并输出到“标准输出”。脚本内容如下。

例 8-31

```
#!/bin/bash
chars='abcdefg'
for (( i=0; i<7; i++ )) ; do
    array[$i]=${chars:$i:1}
    echo ${array[$i]}
done
```

执行结果如下。

```
Linux@ubuntu:~/Shell$./ test4
a
b
c
d
e
```

```
f
g
```

在上例中，循环输出数组元素也可以采用另一种写法：

```
#!/bin/bash
A='abcdefg'
for value in ${A[*]}
do
echo $value
done
```

注意：${A[*]}不能写成$A，$A 默认是第一个元素，如果 A="a b c ded"，就可以写$A。

现在坐标点有了，那怎样把这些坐标点显示在屏幕上？这里我们要看一下 Shell 中 echo 的用法。

格式：

```
echo -e "\033[背景颜色;字体颜色m字符串\033[0m"    //echo要变换颜色的时候，要使用-e
```

例如：

```
echo -e "\033[41;36m something here \033[0m"
```

其中，41 的位置代表底色，36 的位置代表字的颜色。

\033[;m … \033[0m 表示对颜色调用的始末。

例如：

例 8-32

```
#让字体变为红色并且不停地闪烁
echo -e "\033[31m\033[05m请确认是否要停止当前的sequid进程，输入[Y|N]\033[0m"
```

字背景颜色范围：40～49

40：黑　41：深红　42：绿　43：黄　44：蓝　45：紫　46：深绿　47：白色

字颜色：30～39

30：黑　31：红　32：绿　33：黄　34：蓝　35：紫　36：深绿　37：白

ANSII 控制码的说明：

- \033[0m：关闭所有属性。
- \033[1m：设置高亮度。
- \033[4m：下划线。
- \033[y;xH：设置光标位置。

到这里把要在屏幕显示的坐标点都显示出来。

例 8-33

```
#!/bin/bash
box0=(0 0 0 1 1 0 1 1)
left=5
top=5

echo -e "\033[31m\033[1m"
```

```
for(( i = 0, j = 0; i < ${#box0[@]}; i = i + 2))
do
(( x = left + 3 * ${box0[i]} ))
(( y = top +  ${box0[i+1]} ))
echo -e " \033[${y};${x}H[*]"
done

echo -e " \033[0m "
```

执行效果如图 8-8 所示。

至此，我们终于可以在屏幕上看到结果了。

图 8-8　显示效果

8.3.2　方块移动

前面一节在屏幕上画出了俄罗斯方块，现在我们让它动起来。大体思路就是通过改变 x，y 的坐标，在屏幕的不同地方绘制图形。方法是通过方向键（A、S、D、W）来改变 x、y 的坐标。

想要俄罗斯方块按照指定方向键移动，这里我们必须了解 Shell 中的信号处理。

trap 命令用于在 Shell 程序中捕捉到信号，之后可以有 3 种反应方式。

- 执行一段程序来处理这一信号。
- 接受信号的默认操作。
- 忽视这一信号。

trap 对上面 3 种方式提供了 3 种基本形式。

（1）第一种形式的 trap 命令在 Shell 接收到 signal list 清单中数值相同的信号时，将执行双引号中的命令串。

```
trap 'commands' signal-list
trap "commands" signal-list
```

（2）为了恢复信号的默认操作，使用第二种形式的 trap 命令：

```
trap signal-list
```

（3）第三种形式的 trap 命令允许忽视信号：

```
trap " " signal-list
```

对信号 11（段违例）不能捕捉，因为 Shell 本身需要捕捉该信号去进行内存的转储。

在 trap 中可以定义对信号 0 的处理（实际上没有这个信号），Shell 程序在其终止（如执行 exit 语句）时发出该信号。

在捕捉到 signal-list 中指定的信号并执行完相应的命令之后，如果这些命令没有将 Shell 程序终止的话，Shell 程序将继续执行后面的命令，这样将很容易导致 Shell 程序无法终止。

另外，在 trap 语句中，单引号和双引号是不同的，当 Shell 程序第一次碰到 trap 语句时，将把 commands 中的命令扫描一遍。此时若 commands 是用单引号括起来的话，那么 Shell 不会对 commands 中的变量和命令进行替换，否则 commands 中的变量和命令将用当时具体的值来替换。

实例：按下【A】【S】【D】【W】键会打印出对应的字母，按下【Q】键退出。脚本内容如下。

例 8-34

```
#!/bin/bash
SigA=20
SigS=21
SigD=22
SigW=23
sig=0
function Register_Signal()
{
trap "sig=$SigA;" $SigA
trap "sig=$SigS;" $SigS
trap "sig=$SigD;" $SigD
trap "sig=$SigW;" $SigW
}
function Recive_Signal()
{
 Register_Signal
 while true
 do
       sigThis=$sig
       case "$sigThis" in
            "$SigA")
                 echo "A"
                 sig=0
                 ;;
              "$SigS")
                     echo "S"
                     sig=0
                     ;;
              "$SigD")
                     echo "D"
                     sig=0
                     ;;
              "$SigW")
                     echo "W"
                     sig=0
                     ;;
       esac
 done
}
function Kill_Signal()
```

```
{
local sigThis
while :
do
     read -s -n 1 key
     case "$key" in
        "W"|"w")
            kill -$SigW $1
            ;;
        "S"|"s")
            kill -$SigS $1
            ;;
        "A"|"a")
            kill -$SigA $1
            ;;
        "D"|"d")
            kill -$SigD $1
            ;;
        "Q"|"q")
            kill -9 $1
            exit
     esac
done
}
if [[ "$1" == "--show" ]]
then
Recive_Signal
else
bash $0 --show &
Kill_Signal $!
fi
```

执行结果如下。

```
Linux@ubuntu:~/Shell$./ test6
A
S
W
D
W
D
S
D
A
```

按下【Q】键，直接退出脚本。

下面，在屏幕上画出一个方块，并且让它按相应键动起来，即实现功能。

A→左移　　D→右移　　W→向上　　S→向下

实现思路就是通过改变 x、y 的坐标，在屏幕不同的地方把 box0 画出来。脚本内容如下。

例 8-35

```
#!/bin/bash

#信号
SigA=20
SigS=21
SigD=22
SigW=23
sig=0

#方块在屏幕上的坐标点
box0=(0 0 0 1 1 0 1 1)

#边缘距离
top=3
left=3

#当前x,y坐标
currentX=15
currentY=2

function Draw_Box()
{
    local i j x y

    if (($1 == 0))
    then
        for ((i = 0;i < 8;i += 2))
        do
            ((x = left + 3 * (currentX + ${box0[i]})))
            ((y = top + currentY + ${box0[i+1]}))

            echo -e "\033[${y};${x}H "
        done
    else
        echo -e "\033[31m\033[1m"
        for ((i = 0;i < 8;i += 2))
        do
            ((x = left + 3 * (currentX + ${box0[i]})))
            ((y = top + currentY + ${box0[i+1]}))

            echo -e "\033[${y};${x}H[*]"
        done
    fi

    echo -e "\033[0m"
}

function move_left()
{

    if ((currentX == 0 ))
    then
```

```
        return 1;
    fi

    #先清除以前的方块
    Draw_Box 0

    #改变x坐标
    (( currentX -- ))

    #画出新的方块
    Draw_Box 1

    return 0;
}


function move_right()
{

    if ((currentX > 20 ))
    then
        return 1;
    fi

    #先清除以前的方块
    Draw_Box 0

    #改变x坐标
    (( currentX ++ ))

    #画出新的方块
    Draw_Box 1

    return 0;
}


function move_up()
{

    if ((currentY == 0 ))
    then
        return 1;
    fi

    #先清除以前的方块
    Draw_Box 0

    #改变x坐标
    (( currentY -- ))

    #画出新的方块
    Draw_Box 1

    return 0;
```

```
}

function move_down()
{

    if ((currenty > 20 ))
    then
        return 1;
    fi
    #先清除以前的方块
    Draw_Box 0

    #改变x坐标
    (( currentY ++ ))

    #画出新的方块
    Draw_Box 1

    return 0;
}


function Register_Signal()
{
    trap "sig=$SigA;" $SigA
    trap "sig=$SigS;" $SigS
    trap "sig=$SigD;" $SigD
    trap "sig=$SigW;" $SigW
}

function Recive_Signal()
{
    Register_Signal

    Draw_Box 1

    while true
    do
        sigThis=$sig

        case "$sigThis" in
            "$SigA")
                move_left
                sig=0
                ;;

            "$SigS")
                move_down
                sig=0
                ;;

            "$SigD")
                move_right
                sig=0
                ;;
```

```
            "$SigW")
                move_up
                sig=0
                ;;
        esac

    done
}

function Kill_Signal()
{
    local sigThis

    while :
    do
        read -s -n 1 key

        case "$key" in

            "W"|"w")
                kill -$SigW $1
                ;;
            "S"|"s")
                kill -$SigS $1
                ;;
            "A"|"a")
                kill -$SigA $1
                ;;
            "D"|"d")
                kill -$SigD $1
                ;;
            "Q"|"q")
                kill -9 $1
                exit
        esac

    done
}

if [[ "$1" == "--show" ]]
then
    Recive_Signal
else
    bash $0 --show &
    Kill_Signal $!
fi
```

其执行效果如图 8-9 所示。

图 8-9 显示效果

8.3.3 随机数

现在，我们知道怎样在屏幕上画方块，怎样让方块移动，这一节将实现系统随机产生方块，并且让其动起来。

首先，我们看看在 Shell 中产生随机数的方法。

1. 通过时间获得随机数（date）

时间是唯一的，也不会重复，所以可以获得同一时间的唯一值。

格式：

```
date  +%s
```

注意 date 和+%s 之间有空格。

如果用它做随机数，相同一秒的数据是一样的，但多线程里面基本不能满足要求了。

```
date  +%N
```

这个相当精确了，就算在多 CPU，大量循环里面，同一秒里面，也很难出现相同结果，不过不同时间里面还会有大量重复碰撞。

```
date  +%s%N
```

这个可以说比较完美，加入时间戳，又加上纳秒。

接下来看怎么获得随机数，代码如下。

例 8-36

```
#!/bin/bash

function random()
{
 min=$1
 (( max = $2 - $1))

 num=$(date +%s%N)
 (( return = num % max + min ))

 echo $return
}

#得到1～10的随机数项
```

```
for (( i = 0; i < 10; i++ ))
do
 out=`random 2 1000`
 echo $i,"2-1000",$out
done
```

运行结果如图 8-10 所示。

图 8-10　运行结果

2. 通过内部系统变量（$RANDOM）

其实，Linux 已经提供系统环境变量了，直接就是随机数。

格式：

```
echo $RANDOM
```

通过它，可以获得的数据是一个小于或等于 5 位的整数。学完了随机数，下面通过它产生随机方块!

例 8-37

```
#!/bin/bash

#七种不同的方块的定义
#通过旋转，每种方块的显示样式可能有几种
box0=(0 0 0 1 1 0 1 1)
box1=(0 2 1 2 2 2 3 2 1 0 1 1 1 2 1 3)
box2=(0 0 0 1 1 1 1 2 0 1 1 0 1 1 2 0)
box3=(0 1 0 2 1 0 1 1 0 0 1 0 1 1 2 1)
box4=(0 1 0 2 1 1 2 1 1 0 1 1 1 2 2 2 0 1 1 1 2 0 2 1 0 0 1 0 1 1 1 2)
box5=(0 1 1 1 2 1 2 2 1 0 1 1 1 2 2 0 0 0 0 1 1 1 2 1 0 2 1 0 1 1 1 2)
box6=(0 1 1 1 1 2 2 1 1 0 1 1 1 2 2 1 0 1 1 0 1 1 2 1 0 1 1 0 1 1 1 2)

#把所有盒子放在box中
box=(${box0[@]} ${box1[@]} ${box2[@]} ${box3[@]} ${box4[@]} ${box5[@]} ${box6[@]})

#每个盒子在box中的偏移
boxOffset=(0 1 3 5 7 11 15)

#旋转次数
rotateCount=(1 2 2 2 4 4 4)

#颜色数组
colourArry=(31 32 33 34 35 36 37)

#选装类型
rotateType=-1
```

```
#盒子标号
boxNum=-1

#新盒子
newBox=()

#边缘距离
top=3
left=3

#当前x,y坐标
currentX=15
currentY=2

function Draw_Box()
{
    local i j x y

    if (($1 == 0))
    then
        for ((i = 0;i < 8;i += 2))
        do
            ((x = left + 3 * (currentX + ${newBox[i]})))
            ((y = top + currentY + ${newBox[i+1]}))

            echo -e "\033[${y};${x}H "
        done
    else
        echo -e "\033[${colourArry[$colourNum]}m\033[1m"
        for ((i = 0;i < 8;i += 2))
        do
            ((x = left + 3 * (currentX + ${newBox[i]})))
            ((y = top + currentY + ${newBox[i+1]}))

            echo -e "\033[${y};${x}H[*]"
        done
    fi

    echo -e "\033[0m"
}


function Random_Box()
{
    #随机产生盒子号
    (( boxNum = $RANDOM % 7 ))
    #随机长生盒子的类型
    ((rotateType = $RANDOM % ${rotateCount[boxNum]}))
    #随机产生颜色
    ((colourNum = $RANDOM % ${#colourArry[*]}))

    #找到所在box中的起始位置
    ((j = ${boxOffset[boxNum]} * 8 + rotateType * 8))

    for(( i = 0 ;i < 8;i ++))
```

```
        do
            ((newBox[i] = ${box[j+i]}))
        done
}

while :
do
    Random_Box
    Draw_Box 1
    sleep 1
    Draw_Box 0
done
```

8.3.4 随机方块移动

前面已经可以随机产生俄罗斯方块了，这一节让它随键盘而改变。

例 8-38

```
#!/bin/bash

#七种不同的方块的定义
#通过旋转，每种方块的显示样式可能有几种
box0=(0 0 0 1 1 0 1 1)
box1=(0 2 1 2 2 2 3 2 1 0 1 1 1 2 1 3)
box2=(0 0 0 1 1 1 1 2 0 1 1 0 1 1 2 0)
box3=(0 1 0 2 1 0 1 1 0 0 1 0 1 1 2 1)
box4=(0 1 0 2 1 1 2 1 1 0 1 1 1 2 2 2 0 1 1 1 2 0 2 1 0 0 1 0 1 1 1 2)
box5=(0 1 1 1 2 1 2 2 1 0 1 1 1 2 2 0 0 0 0 1 1 1 2 1 0 2 1 0 1 1 1 2)
box6=(0 1 1 1 1 2 2 1 1 0 1 1 1 2 2 1 0 1 1 0 1 1 2 1 0 1 1 0 1 1 1 2)

#把所有盒子放在box中
box=(${box0[@]} ${box1[@]} ${box2[@]} ${box3[@]} ${box4[@]} ${box5[@]} ${box6[@]})

#每个盒子在box中的偏移
boxOffset=(0 1 3 5 7 11 15)

#旋转次数
rotateCount=(1 2 2 2 4 4 4)

#颜色数组
colourArry=(31 32 33 34 35 36 37)

#选装类型
rotateType=-1

#盒子标号
boxNum=-1

#新盒子
newBox=()

#边缘距离
top=3
left=3
```

```
#当前x,y坐标
currentX=15
currentY=2

#信号
SigA=20
SigS=21
SigD=22
SigW=23
sig=0

#随机产生盒子
function Random_Box()
{
    #随机产生盒子号
    (( boxNum = $RANDOM % 7 ))
    #随机长生盒子的类型
    ((rotateType = $RANDOM % ${rotateCount[boxNum]}))
    #随机产生颜色
    ((colourNum = $RANDOM % ${#colourArry[*]}))

    #找到所在box中的起始位置
    ((j = ${boxOffset[boxNum]} * 8 + rotateType * 8))

    for(( i = 0 ;i < 8;i ++))
    do
        ((newBox[i] = ${box[j+i]}))
    done
}


function Draw_Box()
{
    local i j x y


    if (($1 == 0))
    then
        for ((i = 0;i < 8;i += 2))
        do
            ((x = left + 3 * (currentX + ${newBox[i]})))
            ((y = top + currentY + ${newBox[i+1]}))

            echo -e "\033[${y};${x}H "
        done
    else
        echo -e "\033[${colourArry[$colourNum]}m\033[1m"
        for ((i = 0;i < 8;i += 2))
        do
            ((x = left + 3 * (currentX + ${newBox[i]})))
            ((y = top + currentY + ${newBox[i+1]}))

            echo -e "\033[${y};${x}H[*]"
        done
    fi
```

```
    echo -e "\033[0m"
}

function move_left()
{
    local temp

    if (( currentX == 0 ))
    then
        return 1
    fi

    #先清除以前的方块
    Draw_Box 0

    #改变x坐标
    (( currentX -- ))

    #画出新的方块
    Draw_Box 1

    return 0
}


function move_right()
{

    if ((currentX > 20 ))
    then
        return 1;
    fi

    #先清除以前的方块
    Draw_Box 0

    #改变x坐标
    (( currentX ++ ))

    #画出新的方块
    Draw_Box 1

    return 0;
}

#记录已经旋转的方块次数
tempCount=0

#按下w【键】旋转处理
function box_rotate()
{
    local start_post

    ((tempCount ++))
```

```
    #echo ${rotateCount[boxNum]}
    if ((tempCount >= ${rotateCount[boxNum]}))
    then
        ((tempCount = 0))
    fi

    #每个盒子在box中的始位置
    ((start_post = ${boxOffset[boxNum]} * 8 + tempCount * 8))

    for ((i = 0;i < 8;i ++))
    do
        ((newBox[i] = ${box[start_post+i]}))
    done

    return 0
}

function move_rotate()
{

    if ((currentY == 0 ))
    then
        return 1;
    fi

    #先清除以前的方块
    Draw_Box 0

    #改变当前方块的形状
    box_rotate

    #画出新的方块
    Draw_Box 1

    return 0;
}


function move_down()
{

    if ((currenty > 20 ))
    then
        return 1;
    fi

    #先清除以前的方块
    Draw_Box 0

    #改变x坐标
    (( currentY ++ ))

    #画出新的方块
    Draw_Box 1
```

```
    return 0;
}


function Register_Signal()
{
   trap "sig=$SigA;" $SigA
   trap "sig=$SigS;" $SigS
   trap "sig=$SigD;" $SigD
   trap "sig=$SigW;" $SigW
}

function Recive_Signal()
{

    Random_Box
    Draw_Box 1
    Register_Signal

    while true
    do
       sigThis=$sig

       case "$sigThis" in
           "$SigA")
               move_left
               sig=0
               ;;

           "$SigS")
               move_down
                sig=0
                ;;

           "$SigD")
               move_right
               sig=0
               ;;

           "$SigW")
               move_rotate
               sig=0
               ;;
        esac

    done
}

function Kill_Signal()
{
   local sigThis

   while :
   do
      read -s -n 1 key
```

```
        case "$key" in

            "W"|"w")
                kill -$SigW $1
                ;;
            "S"|"s")
                kill -$SigS $1
                ;;
            "A"|"a")
                kill -$SigA $1
                ;;
            "D"|"d")
                kill -$SigD $1
                ;;
            "Q"|"q")
                kill -9 $1
                exit
        esac

    done
}

if [[ "$1" == "--show" ]]
then
    Recive_Signal
else
    bash $0 --show &
    Kill_Signal $!
fi
```

效果如图 8-11 所示。

图 8-11　显示效果

上述代码有一部分是这一节写的代码，思路是使用随机产生的盒子号确定此盒子在 box 中的位置，然后从此位置开始，把它的所有造型在屏幕上挨个画出来。

到现在为止，可以随机产生俄罗斯方块，并且可以移动和改变。下一节在屏幕上画出一个矩阵，让盒子从矩阵的顶部自动下落，到矩阵的底部停止。

8.3.5　随机方块降落

这一节实现在屏幕上画出一个矩阵，让盒子从矩阵的顶部自动下落，到矩阵的底部停止。

首先，在屏幕上画出一个矩阵，代码如下。

例 8-39

```
#!/bin/bash

clear
```

```
#边缘距离
left=10
top=5

#矩阵的长和宽
widthSize=25
hightSize=25

#画出矩阵
function draw_rectangle()
{
    local x y

    echo -e "\033[32m\033[46m\033[1m"

    for ((i = 0 ;i < widthSize;i ++))
    do
          ((x = left + i))
          ((y = top + hightSize - 1))

          echo -e "\033[${top};${x}H="
          echo -e "\033[${y};${x}H="

     done

     for ((i = 0 ;i < hightSize;i ++))
     do
          ((x = left + widthSize - 1))
          ((y = top + i))

          echo -e "\033[${y};${left}H||"
          echo -e "\033[${y};${x}H||"

     done

     echo -e "\033[0m"
}

draw_rectangle
```

效果如图 8-12 所示。

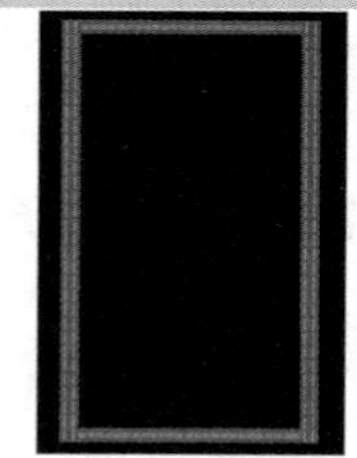

图 8-12　显示效果

矩阵有了，接下来就是让盒子从矩阵的顶部落下来到底部停止。

例 8-40

```
#!/bin/bash

#七种不同的方块的定义
#通过旋转，每种方块的显示样式可能有几种
box0=(0 0 0 1 1 0 1 1)
box1=(0 2 1 2 2 2 3 2 1 0 1 1 1 2 1 3)
box2=(0 0 0 1 1 1 1 2 0 1 1 0 1 1 2 0)
box3=(0 1 0 2 1 0 1 1 0 0 1 0 1 1 2 1)
box4=(0 1 0 2 1 1 2 1 1 0 1 1 1 2 2 2 0 1 1 1 2 0 2 1 0 0 1 0 1 1 1 2)
```

```
box5=(0 1 1 1 2 1 2 2 1 0 1 1 1 2 2 0 0 0 0 1 1 1 2 1 0 2 1 0 1 1 1 2)
box6=(0 1 1 1 1 2 2 1 1 0 1 1 1 2 2 1 0 1 1 0 1 1 2 1 0 1 1 0 1 1 1 2)

#把所有盒子放在box中
box=(${box0[@]} ${box1[@]} ${box2[@]} ${box3[@]} ${box4[@]} ${box5[@]} ${box6[@]})

#每个盒子在box中的偏移
boxOffset=(0 1 3 5 7 11 15)

#旋转次数
rotateCount=(1 2 2 2 4 4 4)

#颜色数组
colourArry=(31 32 33 34 35 36 37)

#选装类型
rotateType=-1

#盒子标号
boxNum=-1

#新盒子
newBox=()

#边缘距离
left=10
top=5

#矩阵的长和宽
widthSize=28
hightSize=26

#确定从矩阵那个地方出来
function ensure_postion()
{
    local sumx=0 i j

    ((minx = ${newBox[0]}))
    ((miny = ${newBox[1]}))
    ((maxy = miny ))

    for ((i = 2; i < ${#newBox[*]};i += 2))
    do
        #确定最小的x坐标
        if ((minx > ${newBox[i]}))
        then
            ((minx = ${newBox[i]}))
        fi

        #确定最小的y坐标
        if ((miny > ${newBox[i+1]}))
        then
            ((miny = ${newBox[i+1]}))
        fi
```

```
            if (($\{newBox[i]\} == $\{newBox[i-2]\}))
            then
                continue
            fi

            ((sumx ++))

        done

        if ((sumx == 0))
        then
            ((sumx = 1))
        fi

        #当前x,y坐标
        ((currentX = left + widthSize / 2 - sumx * 2 - minx))
        ((currentY = top + 1 - miny))

        return 0
}

#画出矩阵
function draw_rectangle()
{
    local x y

    echo -e "\033[32m\033[46m\033[1m"

    for ((i = 0 ;i < widthSize;i ++))
    do
        ((x = left + i))
        ((y = top + hightSize - 1))

        echo -e "\033[${top};${x}H="
        echo -e "\033[${y};${x}H="

    done

    for ((i = 0 ;i < hightSize;i ++))
    do
        ((x = left + widthSize - 1))
        ((y = top + i))

        echo -e "\033[${y};${left}H||"
        echo -e "\033[${y};${x}H||"

    done

    echo -e "\033[0m"
}


#画出方块
function Draw_Box()
{
```

```
    local i j x y

    if (($1 == 0))
    then
        for ((i = 0;i < 8;i += 2))
        do
            ((x = currentX + 3 * ${newBox[i]}))
            ((y = currentY + ${newBox[i+1]}))

            echo -e "\033[${y};${x}H "
        done
    else
        echo -e "\033[${colourArry[$colourNum]}m\033[1m"
        for ((i = 0;i < 8;i += 2))
        do
            ((x = currentX + 3 * ${newBox[i]}))
            ((y = currentY + ${newBox[i+1]}))

            echo -e "\033[${y};${x}H[*]"
        done
    fi

    echo -e "\033[0m"
}

#随机产生方块
function Random_Box()
{
    #随机产生盒子号
    (( boxNum = $RANDOM % 7 ))
    #随机产生盒子的类型
    ((rotateType = $RANDOM % ${rotateCount[boxNum]}))
    #随机产生颜色
    ((colourNum = $RANDOM % ${#colourArry[*]}))

    #找到所在box中的起始位置
    ((j = ${boxOffset[boxNum]} * 8 + rotateType * 8))

    for(( i = 0 ;i < 8;i ++))
    do
        ((newBox[i] = ${box[j+i]}))
    done
}

#判断能否下移
function move_test()
{
    local vary=$1 i

    #当前的y坐标加上newBox里面的坐标,其值是否大于28
    for ((i = 0;i < ${#newBox[@]}; i += 2))
    do
        if ((vary + ${newBox[i+1]} > 28))
        then
            return 0
```

```
        fi
    done

    return 1
}


draw_rectangle
Random_Box
ensure_postion

while :
do
    Draw_Box 1

    sleep 0.1
    Draw_Box 0

    ((currentY ++))

    if move_test currentY
    then
        Draw_Box 1
        sleep 2
        Draw_Box 0
        Random_Box
        ensure_postion
    fi

done
```

效果如图 8-13 所示。

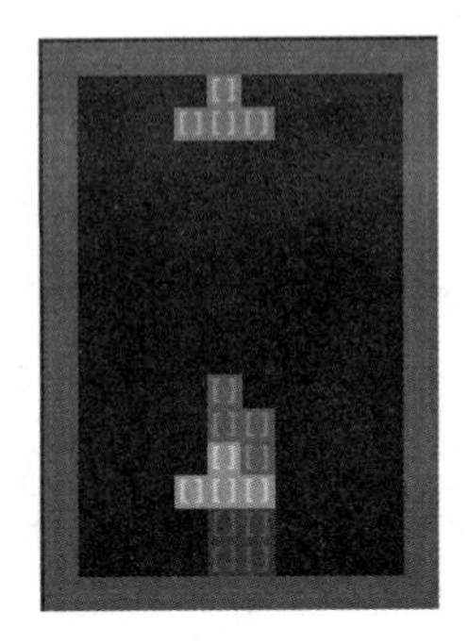

图 8-13　显示效果

思考与练习

1．$1 属于 Shell 脚本的什么变量，如何传参？

2．编程：创建目录 dir，将当前路径下的所有普通文件拷贝到 dir 下。

PART09

第9章

中断及设备管理

■ 本章是Linux学习中的重点，也是最有难度的部分，需要了解什么是中断，掌握 Linux 内核中断的机制。最重要的是设备管理方面的知识，通过学习这些可以对 Linux 驱动程序有一定了解。

9.1 中断的概念

Linux 内核需要对连接到计算机上的所有硬件设备进行管理，毫无疑问这是它分内的事。而如果要管理这些设备，首先得和它们互相通信才行，一般有两种方案可实现这种功能。

- 轮询（Polling）。让内核定期对设备的状态进行查询，然后做出相应的处理。
- 中断（Interrupt）。让硬件在需要的时候向内核发出信号（变内核主动为硬件主动）。

Linux 系统支持很多不同种类的硬件设备。应用程序可以以同步方式读写，控制这些设备。也就是说应用可以发出一个设备请求，然后等待，一直等到设备完成操作以后才返回。但这种方法的效率非常低，因为内核需要花费大量的时间轮询设备是否完成操作。一个更为有效的方法是内核发出请求以后，操作系统继续其他进程的工作，等设备完成操作以后，给操作系统发送一个中断，操作系统再继续处理和此设备有关的操作。

在将多个设备的中断信号送往 CPU 的中断插脚之前，系统经常使用中断控制器来综合多个设备的中断。这样既可以节约 CPU 的中断插脚，也可以提高系统设计的灵活性。中断控制器用来控制系统的中断，它包括屏蔽和状态两个寄存器。可以灵活设置屏蔽寄存器的各个位从而允许或屏蔽某一个中断，状态寄存器则用来返回系统中正在使用的中断。

大多数处理器处理中断的过程都相同。当一个设备发出中断请求时，CPU 停止正在执行的指令，转而跳到包括中断处理代码或者包括指向中断处理代码的转移指令所在的内存区域。这些代码一般在 CPU 的中断方式下运行。在此方式下，将不会再有中断发生。但有些 CPU 的中断有自己的优先权，这样，更高优先权的中断则可以发生。这意味着第一级的中断处理程序必须拥有自己的堆栈，以便在处理更高级别的中断前保存 CPU 的执行状态。当中断处理完毕以后，CPU 将恢复到以前的状态，继续执行中断处理前正在执行的指令。中断处理程序十分简单有效，这样，操作系统就不会花太长的时间屏蔽其他的中断。

9.2 嵌入式平台硬件中断特点

硬件产生中断，是因为外设需要通知操作系统它发生了一些事情。但是中断的功能仅仅是产生一个报警事件，当事件发生的时候中断处理程序只知道有事情发生了，但发生了什么事情还要亲自到设备那里去看才行。也就是说，当中断处理程序得知设备发生了一个中断的时候，它并不知道设备发生了什么事情，只有当它访问了设备上的一些状态寄存器以后，才知道具体发生了什么、要怎么去处理。

设备是通过中断线向中断控制器发送高电平告诉操作系统它产生了一个中断的，而操作系统会从中断控制器的状态位知道是哪条中断线上产生了中断。并不是每个设备都可以向中断线上发中断信号，只有对某一条确定的中断线拥有了控制权，才可以向这条中断线上发送信号。由于计算机的外部设备越来越多，中断线是非常宝贵的资源。要使用中断线，就得进行中断线的申请，即 IRQ（Interrupt Requirement），通常把申请一条中断线称为申请一个 IRQ 或者申请一个中断号。

IRQ 是非常宝贵的，所以只有当设备需要中断的时候才申请占用一个 IRQ，或者是在申请 IRQ 时采用共享中断的方式，这样可以让更多的设备使用中断。无论对 IRQ 的使用方式是独占还是共享，申请 IRQ 的过程都是一样的，分为如下 3 步。

（1）将所有的中断线探测一遍，看看哪些中断还没有被占用。从这些还没有被占用的中断中选一个作为该设备的 IRQ。

（2）通过中断申请函数申请选定的 IRQ，这是要指定申请的方式是独占还是共享。

（3）如未成功，则根据中断申请函数的返回值决定是否重新申请或放弃申请，并返回错误。

目前在大多数嵌入式平台上，每个设备的中断号已经被固定分配好，不可再变，所以在这样的平台上为外设申请中断时，就不需要做第一步了，而是直接以分配好的中断号去申请中断。例如，在三星的 S5PC100 处理器中，它支持 3 组中断源、96 个中断，其中，它的第三组中断中各外部设备在中断控制器中所分配的情况如图 9-1 所示。

对于这种外设中断号固定的平台，在移植 Linux 内核时要注意修改相应头文件中的外设中断号定义，使之与硬件手册规定的一致。例如，在“arch/arm/mach-s5pc100/include/mach/irqs.h”文件中对外设的中断号定义如下。

The S5PC100 supports interrupt sources as shown in the Table below.

Module	No	INT Request	Description
VIC2 Multimedia, Audio, Security, Etc.,	95	SDM_FIQ (security)	SDM Security Violation Detect FIQ Interrupt
	94	SDM_IRQ (security)	SDM Security Violation Detect IRQ Interrupt
	93	SEC_TX (security)	Crypto Engine's TX FIFO Interrupt
	92	SEC_RX (security)	Crypto Engine's RX FIFO Interrupt
	91	SEC (security)	Crypto Engine Interrupt
	90	Reserved	
	89	KEYPAD	Keypad Interrupt
	88	PENDN	TSADC Pen Down Interrupt
	87	TSADC	TSADC EOC (End of conversion) Interrupt
	86	SPDIF	SPDIF Interrupt
	85	PCM1	PCM1 Interrupt
	84	PCM0	PCM0 Interrupt
	83	AC97	AC97 Interrupt
	82	I2S2	I2S 2 Interrupt
	81	I2S1	I2S 1 Interrupt
	80	I2S0	I2S 0 Interrupt
	79	TVENC	TV Encoder Interrupt
	78	MFC	MFC Interrupt
	77	I2C1 (for HDMI)	I2C1 Interrupt
	76	HDMI	HDMI Interrupt
	75	Mixer	Mixer Interrupt
	74	3D	3D Graphic Controller Interrupt
	73	2D	2D Interrupt
	72	JPEG	JPEG Interrupt
	71	Camera Interface2	Camera Controller 2 Interrupt
	70	Camera Interface1	Camera Controller 1 Interrupt
	69	Camera Interface0	Camera Controller 0 Interrupt
	68	ROTATOR	Rotator Interrupt
	67	LCD[3]	LCD Controller Interrupt 3
	66	LCD[2]	LCD Controller Interrupt 2
	65	LCD[1]	LCD Controller Interrupt 1
	64	LCD[0]	LCD Controller Interrupt 0

图 9-1　S5PC100 平台第三组外设中断分配图

```
/* VIC0: system, DMA, timer */
#define IRQ_EINT16_31         S5P_IRQ_VIC0(16)
#define IRQ_BATF              S5P_IRQ_VIC0(17)
#define IRQ_MDMA              S5P_IRQ_VIC0(18)
#define IRQ_PDMA0             S5P_IRQ_VIC0(19)
#define IRQ_PDMA1             S5P_IRQ_VIC0(20)
#define IRQ_TIMER0_VIC        S5P_IRQ_VIC0(21)
#define IRQ_TIMER1_VIC        S5P_IRQ_VIC0(22)
#define IRQ_TIMER2_VIC        S5P_IRQ_VIC0(23)
#define IRQ_TIMER3_VIC        S5P_IRQ_VIC0(24)
#define IRQ_TIMER4_VIC        S5P_IRQ_VIC0(25)
#define IRQ_SYSTIMER          S5P_IRQ_VIC0(26)
#define IRQ_WDT               S5P_IRQ_VIC0(27)
#define IRQ_RTC_ALARM         S5P_IRQ_VIC0(28)
#define IRQ_RTC_TIC           S5P_IRQ_VIC0(29)
#define IRQ_GPIOINT           S5P_IRQ_VIC0(30)
```

```
/* VIC1: ARM, power, memory, connectivity */
#define IRQ_CORTEX0            S5P_IRQ_VIC1(0)
#define IRQ_CORTEX1            S5P_IRQ_VIC1(1)
#define IRQ_CORTEX2            S5P_IRQ_VIC1(2)
#define IRQ_CORTEX3            S5P_IRQ_VIC1(3)
#define IRQ_CORTEX4            S5P_IRQ_VIC1(4)
#define IRQ_IEMAPC             S5P_IRQ_VIC1(5)
#define IRQ_IEMIEC             S5P_IRQ_VIC1(6)
#define IRQ_ONENAND            S5P_IRQ_VIC1(7)
#define IRQ_NFC                S5P_IRQ_VIC1(8)
#define IRQ_CFC                S5P_IRQ_VIC1(9)
#define IRQ_UART0              S5P_IRQ_VIC1(10)
#define IRQ_UART1              S5P_IRQ_VIC1(11)
#define IRQ_UART2              S5P_IRQ_VIC1(12)
#define IRQ_UART3              S5P_IRQ_VIC1(13)
#define IRQ_IIC                S5P_IRQ_VIC1(14)
#define IRQ_SPI0               S5P_IRQ_VIC1(15)
#define IRQ_SPI1               S5P_IRQ_VIC1(16)
#define IRQ_SPI2               S5P_IRQ_VIC1(17)
#define IRQ_IRDA               S5P_IRQ_VIC1(18)
#define IRQ_CAN0               S5P_IRQ_VIC1(19)
#define IRQ_CAN1               S5P_IRQ_VIC1(20)
#define IRQ_HSIRX              S5P_IRQ_VIC1(21)
#define IRQ_HSITX              S5P_IRQ_VIC1(22)
#define IRQ_UHOST              S5P_IRQ_VIC1(23)
#define IRQ_OTG                S5P_IRQ_VIC1(24)
#define IRQ_MSM                S5P_IRQ_VIC1(25)
#define IRQ_HSMMC0             S5P_IRQ_VIC1(26)
#define IRQ_HSMMC1             S5P_IRQ_VIC1(27)
#define IRQ_HSMMC2             S5P_IRQ_VIC1(28)
#define IRQ_MIPICSI            S5P_IRQ_VIC1(29)
#define IRQ_MIPIDSI            S5P_IRQ_VIC1(30)

/* VIC2: multimedia, audio, security */
#define IRQ_LCD0               S5P_IRQ_VIC2(0)
#define IRQ_LCD1               S5P_IRQ_VIC2(1)
#define IRQ_LCD2               S5P_IRQ_VIC2(2)
#define IRQ_LCD3               S5P_IRQ_VIC2(3)
#define IRQ_ROTATOR            S5P_IRQ_VIC2(4)
#define IRQ_FIMC0              S5P_IRQ_VIC2(5)
#define IRQ_FIMC1              S5P_IRQ_VIC2(6)
#define IRQ_FIMC2              S5P_IRQ_VIC2(7)
#define IRQ_JPEG               S5P_IRQ_VIC2(8)
#define IRQ_2D                 S5P_IRQ_VIC2(9)
#define IRQ_3D                 S5P_IRQ_VIC2(10)
#define IRQ_MIXER              S5P_IRQ_VIC2(11)
#define IRQ_HDMI               S5P_IRQ_VIC2(12)
#define IRQ_IIC1               S5P_IRQ_VIC2(13)
#define IRQ_MFC                S5P_IRQ_VIC2(14)
#define IRQ_TVENC              S5P_IRQ_VIC2(15)
```

```
#define IRQ_I2S0                S5P_IRQ_VIC2(16)
#define IRQ_I2S1                S5P_IRQ_VIC2(17)
#define IRQ_I2S2                S5P_IRQ_VIC2(18)
#define IRQ_AC97                S5P_IRQ_VIC2(19)
#define IRQ_PCM0                S5P_IRQ_VIC2(20)
#define IRQ_PCM1                S5P_IRQ_VIC2(21)
#define IRQ_SPDIF               S5P_IRQ_VIC2(22)
#define IRQ_ADC                 S5P_IRQ_VIC2(23)
#define IRQ_PENDN               S5P_IRQ_VIC2(24)
#define IRQ_TC                  IRQ_PENDN
#define IRQ_KEYPAD              S5P_IRQ_VIC2(25)
#define IRQ_CG                  S5P_IRQ_VIC2(26)
#define IRQ_SEC                 S5P_IRQ_VIC2(27)
#define IRQ_SECRX               S5P_IRQ_VIC2(28)
#define IRQ_SECTX               S5P_IRQ_VIC2(29)
#define IRQ_SDMIRQ              S5P_IRQ_VIC2(30)
#define IRQ_SDMFIQ              S5P_IRQ_VIC2(31)
#define IRQ_VIC_END             S5P_IRQ_VIC2(31)

#define S5P_EINT_BASE1           (S5P_IRQ_VIC0(0))
#define S5P_EINT_BASE2           (IRQ_VIC_END + 1)

#define S3C_IRQ_GPIO_BASE        (IRQ_EINT(31) + 1)
#define S3C_IRQ_GPIO(x)          (S3C_IRQ_GPIO_BASE + (x))

/* Until MP04 Groups -> 40 (exactly 39) Groups * 8~= 320 GPIOs */
#define NR_IRQS                  (S3C_IRQ_GPIO(320) + 1)

/* Compatibility */
#define IRQ_LCD_FIFO            IRQ_LCD0
#define IRQ_LCD_VSYNC           IRQ_LCD1
#define IRQ_LCD_SYSTEM          IRQ_LCD2
```

读者可以自己比较一下，看看程序中的定义与硬件文档中的定义是否一致。

9.3 Linux 内核中断机制概述

中断处理流程

Linux 系统的中断就是通常意义上的“中断处理程序”，它直接处理由硬件发过来的中断信号。当 Linux 内核收到中断请求后，它首先判断中断源，然后调用相应的设备驱动程序。驱动程序会去设备上查看其状态寄存器以了解发生了什么事情，并进行相应的操作。

Linux 内核与中断相关的部分包括硬件中断、下半部任务和内核线程几种。接下来就简要讨论上述几类内核任务的特点。

1. 硬件中断任务

硬件中断是指那些由处理器以外的外设产生的中断，这些中断被处理器接收后交给内核中的中断处理程序处理。要注意的是：第一，硬件中断是异步产生的，中断发生后立刻得到处理，也就是说中断操作可以抢占内核中正在运行的代码。这点非常重要。第二，中断操作是发生在中断上下文中的（所谓中断上下文指的是和任何进程无关的上下文环境）。中断上下文中不可以使用进程相关的资源，也不能够进行调度或睡眠。因为调度会引起睡眠，但睡眠必须针对进程而言（睡眠其实是标识进程状态，然后把当前进程推入睡眠列队），而异步发生的中断处理程序根本不知道当前进程的任何信息，也不关心当前哪个进程在运行，它完全是个过客。

2. 下半部任务

下半部任务的由来完全出自上面提到的硬件中断的影响。硬件中断任务（处理程序）是一个快速、异步、简单地对硬件做出响应，并在最短时间内完成必要操作的中断处理程序。硬件中断处理程序可以抢占内核任务，并且执行时还会屏蔽同级中断或其他中断，因此中断处理必须要快，不能阻塞。这样对于一些要求处理过程比较复杂的任务就不合适在中断任务中一次处理。例如，在网卡接收数据的过程中，首先网卡发送中断信号通知 CPU 获取数据，然后系统从网卡中读取数据存入系统缓冲区中，再下来解析数据，然后送入应用层。这些如果都让中断处理程序来处理显然过程太长，造成新来的中断丢失。因此，Linux 将这种任务分割为两个部分：中断处理程序，力求短平快地处理与硬件相关的操作（如从网卡读数据到系统缓存）；而把对时间要求相对宽松的任务（如解析数据的工作）放在另一个部分执行，这个部分就是下半部任务。下半部任务是一种推后执行任务，它将某些不那么紧迫的任务推迟到系统更方便的时刻运行。内核中实现下半部任务的手段经过不断演化，目前已经从最原始的 BH（Bottom Thalf）衍生出 tasklet、软中断（Softirq）、工作队列（Work Queues）。

3. 软中断操作

Linux 中的软中断机制用于系统中对时间要求最严格以及最重要的中断下半部。在系统设计过程中，大家都清楚中断上下文不能处理太多的事情，需要快速地返回，否则很容易导致中断事件的丢失，所以这就产生了一个问题：中断发生之后的事务处理由谁来完成？在前后台程序中，由于只有中断上下文和一个任务上下文，所以中断上下文触发事件、设置标记位，任务上下文循环扫描标记位、执行相应的动作，也就是中断发生之后的事情由任务来完成，只不过任务上下文采用扫描的方式，实时性不能得到保证。在 Linux 系统中，这个不断循环的任务就是本文所要讲述的软中断 daemon。在 Linux

中称之为中断下半部，显然中断上半部处理清中断之类十分清闲的动作，然后在退出中断服务程序时触发中断下半部，由后者完成具体的功能。

在 Linux 中，中断下半部的实现基于软中断机制。所以理清楚软中断机制的原理，那么中断下半部的实现也就非常简单了。通过上面的描述，大家也应该清楚为什么要定义软中断机制，一句话，就是为了要处理对时间要求苛刻的任务，恰好中断下半部就有这样的需求，所以其实现采用软中断机制。

软中断机制的实现原理如图 9-2 所示。

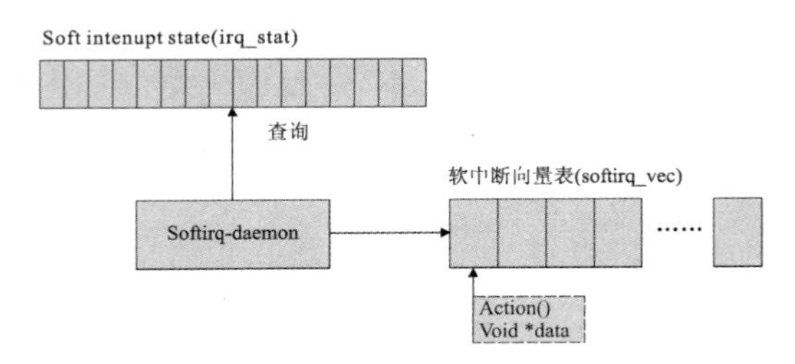

图 9-2　软中断机制的实现原理图

构成软中断机制的核心元素包括：

（1）软中断状态寄存器 soft interrupt state（irq_stat）；

（2）软中断向量表（softirq_vec）；

（3）软中断守护 daemon。

软中断的工作工程模拟了实际的中断处理过程，当某一软中断时间发生后，首先需要设置对应的中断标记位，触发中断事务，然后唤醒守护线程去检测中断状态寄存器。如果通过查询发现某一软中断事务发生，那么通过软中断向量表调用软中断服务程序 action()。这就是软中断的过程，与硬件中断唯一不同的地方在于从中断标记到中断服务程序的映射过程。在 CPU 的硬件中断发生之后，CPU 需要将硬件中断请求通过向量表映射成具体的服务程序，这个过程是硬件自动完成的，但是软中断不是，其需要守护线程去实现这一过程，也就是软件模拟中断，故称之为软中断。

一个软中断不会去抢占另一个软中断，只有硬件中断才可以抢占软中断，所以软中断能够保证对时间的严格要求。

在 Linux 中最多可以注册 32 个软中断，目前系统使用了 6 个软中断，它们分别为定时器处理、SCSI 处理、网络收发处理以及 tasklet 机制，这里的 tasklet 机制就是用来实现下半部的。

描述软中断的核心数据结构为中断向量表，其定义如下。

```
struct softirq_action
{
void (*action)(struct softirq_action *); /* 软中断服务程序 */
```

```
void *data; /* 服务程序输入参数 */
};
asmlinkage void do_softirq(void);
extern void open_softirq(int nr, void (*action)(struct softirq_action*), void *data);
extern void softirq_init(void);
#define __cpu_raise_softirq(cpu, nr) do { softirq_pending(cpu) |= 1UL << (nr); } while (0)
extern void FASTCALL(cpu_raise_softirq(unsigned int cpu, unsigned int nr));
extern void FASTCALL(raise_softirq(unsigned int nr));
```

软中断守护 daemon 是软中断机制的实现核心，其实现过程也比较简单，即通过查询软中断状态 irq_stat 来判断事件是否发生，如果发生，那么映射到软中断向量表，调用执行注册的 action 函数就可以了。从这一点分析可以看出，软中断的服务程序的执行上下文为软中断 daemon。在 Linux 中软中断 daemon 线程函数为 do_softirq()。

触发软中断事务通过 raise_softirq()来实现，该函数在中断关闭的情况下设置软中断状态位，然后判断如果不再中断上下文，那么直接唤醒守护 daemon。

常用的软中断函数列表如下。

- open_softirq，注册一个软中断，将软中断服务程序注册到软中断向量表。
- raise_softirq，设置软中断状态 bitmap，触发软中断事务。

tasklet 为一个软中断，考虑到优先级问题，分别占用了向量表中的 0 号和 5 号软中断。tasklet 机制的实现原理如图 9-3 所示。

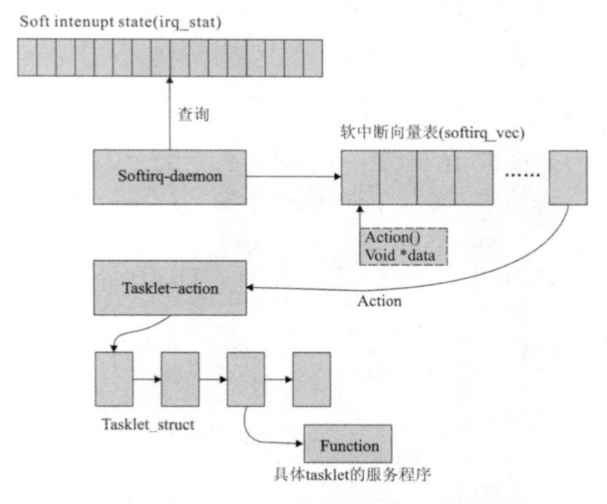

图 9-3 tasklet 机制的实现原理图

当 tasklet 的软中断事件发生之后，执行 tasklet-action 的软中断服务程序，该服务程序会扫描一个 tasklet 的任务列表，执行该任务中的具体服务程序。在这里举一个例子加以说明。

当用户读写 USB 设备之后，即发生硬件中断，硬件中断服务程序会构建一个 tasklet_struct，在该结构中指明了完成该中断任务的具体方法函数（下半部执行函数），然后将 tasklet_struct 挂入 tasklet 的 tasklet_struct 链表中，这一步可以通过 tasklet_schedule 函数完成。最后硬件中断服务程序退出并且 CPU 开始调度软中断 daemon，软中断 daemon 会发现 tasklet 发生了事件，因此执行 tasklet-action，然后 tasklet-action 会扫描 tasklet_struct 链表，执行具体的 USB 中断服务程序下半部。这就是应用 tasklet 完成中断下半部实现的整个过程。

Linux 中的 tasklet 实现比较简单，其又封装了一个重要数据结构 tasklet_struct，使用 tasklet 主要函数列表如下。

- tasklet_init，初始化一个 tasklet_struct，当然可以采用静态初始化的方法，宏为：DECLARE_TASKLET。
- tasklet_schedule，调度一个 tasklet，将输入的 tasklet_struct 添加到 tasklet 的链表中。

总之，Linux 中的软中断机制就是模拟了硬件中断的过程，其设计思想完全可以在其他嵌入式 OS 中应用。

9.3.1 中断处理系统结构

Linux 中断处理子系统的一个基本任务是将中断正确路由到中断处理代码中的正确位置。这些代码必须了解系统的中断拓扑结构。Linux 使用一组指针来指向包含处理系统中断的例程的调用地址。这些例程属于对应于此设备的设备驱动，同时由它们负责在设备初始化时为每个设备驱动申请其请求的中断。要了解内核对中断的组织，首先需要熟悉几个重要的结构类型，第一个就是 irqaction。它的定义在“include/Linux/interrupt.h”中，结构如下。

```
struct irqaction {
    void (*handler)(int, void *, struct pt_regs *);
    unsigned long flags;
    unsigned long mask;
    const char *name;
    void *dev_id;
    struct irqaction *next;
};
```

这个 irqaction 数据结构中包含了对应于此中断处理的相关信息，包括中断处理例程的地址、此中断所属的模块名称，以及是否允许共享的标志位等，如果允许共享，next 成员将指向共享此中断号的下一个 irqaction 的结构指针。

另一个重要变量 irq_action 是 irqaction 指针型的，之所以用指针型而不用一个 irqaction 数组，是因为中断个数以及它们被如何处理会根据体系结构及系统的变化而变化。Linux 中的中断处理代码是和体系结构相关的。这也意味着 irq_action 数组的大小随中断源的个数而变化。

中断发生时，Linux 首先读取系统可编程中断控制器中中断状态寄存器，从而判断出中断源，将其转换成 irq_action 数组中偏移值。如果此中断没有对应的中断处理过程，则 Linux 核心将记录这个错误，不然它将调用对应此中断源的所有 irqaction 数据结构中的中断处理例程。

此段功能在 do_IRQ 函数中完成，函数原型如下。

```
asmlinkage void do_IRQ(int irq, struct pt_regs * regs)
```

其中，第一个参数是中断号，第二个参数是中断发生时 CPU 的现场寄存器状态。

根据中断号找到相应的 irqaction 后，执行的关键代码如下。

```
do {
    status |= action->flags;
    action->handler(irq, action->dev_id, regs);
    action = action->next;
} while (action);
```

可以看到，内核是凭借 handler 指针调入驱动程序的 ISR 的，在此使用循环的意义是，如果此中断号被多个 ISR 共享，可以依次遍历每一个注册的 ISR，使它们都得到一次执行的机会。

当 Linux 核心调用设备驱动的中断处理过程时，此过程必须找出中断产生的原因以及相应的解决办法。为了找到设备驱动的中断原因，设备驱动必须读取发生中断设备上的状态寄存器。设备可能会报告一个错误或者通知请求的处理已经完成。如软盘控制器可能将报告它已经完成软盘读取磁头对某个扇区的正确定位。一旦确定了中断产生的原因，设备驱动还要完成更多的工作。如果这样，Linux 核心将推迟这些操作。

9.3.2 注册中断处理函数

注册中断处理函数如下。

```
int request_irq(unsigned int irq, void (*handler)(int irq,void dev_id,struct pt_regs
*regs), unsigned long flags, const char *device, void *dev_id)
{
    unsigned long retval;
    struct irqaction *action;

    if (irq >= NR_IRQS || !irq_desc[irq].valid || !handler ||
        (irq_flags & SA_SHIRQ && !dev_id))
        return -EINVAL;

    action = (struct irqaction *)kmalloc(sizeof(struct irqaction), GFP_KERNEL);
    if (!action)
```

```
            return -ENOMEM;

        action->handler = handler;
        action->flags = irq_flags;
        action->mask = 0;
        action->name = devname;
        action->next = NULL;
        action->dev_id = dev_id;

        retval = setup_arm_irq(irq, action);

        if (retval)
          kfree(action);
        return retval;
    }
```

参数 irq 表示所要申请的硬件中断号。handler 是向系统登记的中断处理子程序，中断产生时由系统来调用，调用时所带参数 irq 为中断号，dev_id 为申请时告诉系统的设备标识，regs 为中断发生时寄存器内容。device 为设备名，将会出现在“/proc/interrupts”文件中。flags 是申请时的选项，它决定中断处理程序的一些特性，其中，最重要的是中断处理程序是快速处理程序（flags 里设置了 SA_INTERRUPT）还是慢速处理程序（不设置 SA_INTERRUPT），快速处理程序运行时，所有中断都被屏蔽；而慢速处理程序运行时，除了正在处理的中断外，其他中断都不会被屏蔽。

在 Linux 系统中，中断可以被不同的中断处理程序共享，这要求每一个共享此中断的处理程序在申请中断时在 flags 里设置 SA_SHIRQ，这些处理程序之间以 dev_id 来区分。如果中断由某个处理程序独占，则 dev_id 可以为 NULL。从程序可以看到，进入本函数后首先判断传入的参数是否合法正确，如果正确就动态分配一个 irqaction 变量空间，存储到内核中，最后调入硬件平台的相关函数去开启这个中断。request_irq 返回 0 表示成功，返回-EINVAL 表示 irq>15 或 handler==NULL，返回-EBUSY 表示中断已经被占用且不能共享。作为系统核心的一部分，设备驱动程序在申请和释放内存时不是调用 malloc 和 free，而是调用 kmalloc 和 kfree。

有注册中断处理程序的函数就一定有取消注册的函数，在 Linux 内核中注销一个中断处理的函数如下。

```
    void free_irq(unsigned int irq, void *dev_id)
    {
            struct irqaction * action, **p;
            unsigned long flags;

            if (irq >= NR_IRQS || !irq_desc[irq].valid) {
                printk(KERN_ERR "Trying to free IRQ%d\n",irq);
    #ifdef CONFIG_DEBUG_ERRORS
```

```
            __backtrace();
#endif
            return;
        }

        spin_lock_irqsave(&irq_controller_lock, flags);
        for (p = &irq_desc[irq].action; (action = *p) != NULL; p = &action->next)
{           if (action->dev_id != dev_id)
                continue;

                /* Found it - now free it */
            *p = action->next;
            kfree(action);
            goto out;
        }
        printk(KERN_ERR "Trying to free free IRQ%d\n",irq);
#ifdef CONFIG_DEBUG_ERRORS
        __backtrace();
#endif
out:
      spin_unlock_irqrestore(&irq_controller_lock, flags);
}
```

它的第一个参数为中断号，第二个参数为设备标识，这个参数是为了区别共享同一中断号的不同设备而设的。如果此中断号为一个设备所独享，这个参数可为空。

调入函数后首先判断传入参数是否合法以及此中断号的中断是否已经打开，如全部合法，就继续执行后面的代码，查找符合中断号并符合设备标识的 irqaction 结构体，将其从链表中摘下后释放其所占的空间，至此，一个中断服务就被彻底释放。

9.3.3 中断标志 flags

中断标志 flags 可以设置如下。

（1）SA_INTERRUPT。如果设置该位，就指示这是一个“快速”中断处理程序，如果清除这个位，那么它就是一个“慢速”中断处理程序。

（2）SA_SHIRQ。该位表明中断可以在设备间共享。共享的概念在稍后的“中断共享”一节中介绍。

（3）SA_SAMPLE_RANDOM。该位表明产生的中断对“/dev/random”和“/dev/urandom”设备要使用的熵池（Entropy Pool）有贡献。读这些设备返回真正的随机数，它们用来帮助应用软件选取用于加密的安全钥匙。这些随机数是从一个熵池中取得的，各种随机事件都会对系统的熵池（无序度）有贡献。如果希望设备真正随机地产生中断，应设置上这个标志。而如果中断是可预测的，那就不值得设置这个标志位——它对系统的熵池没有任何贡献。

9.3.4 ISR 上下文

当进程发出一个系统调用的请求时，由应用态切换到内核态。这样的内核控制路径称为进程内核路径，也叫进程上下文。当 CPU 执行一个与中断有关的内核控制路径的时候，称为中断上下文。中断的上半部和下半部都属于 ISR 上下文。

9.4 设备及设备管理的功能

在计算机系统中，除了 CPU 和内存外，其他的大部分硬件设备都称为外部设备，包括常用的硬盘、光驱、输入/输出、终端等。外部设备是计算机系统的重要组成部分，是计算机主机与外部环境进行交互的手段。由于外部设备种类繁多，且操作方式各不相同，所以操作系统通过软件对它们进行了高度抽象，以屏蔽外部设备的各种差异，为用户提供一个友好的操作界面。例如 I/O 设备是计算机最基本的三个物质基础之一，现代计算机系统都配有种类繁多的 I/O 设备，功能各不相同，且特性和操作方法也存在很大差异。必须对这些种类繁多的设备进行管理和控制，使用户能够简单、方便、高效、统一地使用各种设备。因此，本节主要介绍设备管理的内容。下面首先介绍设备的分类。

9.4.1 设备分类

可以从不同的角度对设备进行分类。

（1）按系统和用户分：系统设备、用户设备。

（2）按输入/输出传送方式分（UNIX 或 Linux 操作系统）：字符设备、块设备。

（3）按资源特点分：独享设备、共享设备、虚拟设备。

（4）按设备硬件物理特性分：顺序存取设备、直接存取设备。

（5）按设备使用分：物理设备、逻辑设备、伪设备。

（6）按数据组织分：块设备、字符设备。

（7）按数据传输率分：低速设备、中速设备、高速设备。

另外，根据设备的用途，可以把设备分为存储设备与输入/输出设备两大类。

存储设备是指用来进行数据存储的设备，计算机的存储器分为主存储器（内存）和辅助存储器（外存），外部存储器就是一种典型的存储类型的设备，如硬盘、软盘、CD、U 盘、移动硬盘等。

输入/输出设备是主机从外界接收信息或向外界发送信息的媒介。输入设备是计算机用来从外界接收信息的设备，如鼠标、键盘、扫描仪等；输出设备是计算机把处理后的信息发向外界的设备，如打印机、显示器等。这种设备以每次一个字符的方式发送数据，因此也称为字符设备。

9.4.2 设备管理

操作系统的设备管理功能主要是分配和回收外部设备，以及控制外部设备按用户程序的要求进行操作等。对于非存储型外部设备，如打印机、显示器等，它们可以直接作为一个设备分配给一个用户程序，使用完毕后回收以便给另一个需求的用户使用。存储型外部设备，如磁盘、磁带等，则提供存储空间给用户，用来存放文件和数据。存储型外部设备的管理与信息管理是密切结合的。

设备管理包括两个方面的内容：一是在系统中登记注册设备及其驱动程序，以使系统知道设备的存在及其状态；二是当进程需要使用外部设备时，决定采用哪种方式将设备及其驱动程序提交给进程。其核心内容就是设备驱动程序的管理。

从进程的角度看，外部设备的驱动程序就是一组包括中断服务程序的操作函数集合。其中，对于外设的中断管理，我们无需操心，因为计算机系统中已经存在一个完善的中断管理系统。所以，重点要关心如何向应用进程提供那些供进程调用的操作函数及管理方法。

9.4.3 Linux 字符设备

字符设备（Character Device）和普通文件之间的主要区别是：普通文件可以来回读/写，而大多数字符设备仅仅是数据通道，只能顺序读/写。但是不能完全排除字符设备模拟普通文件读/写过程的可能性。字符设备是 Linux 最简单的设备，可以像文件一样访问，如图 9-4 所示。应用程序使用标准系统调用打开、读取、写和关闭，完全好像这个设备是一个普通文件一样，甚至连接一个 Linux 系统上网的 PPP 守护进程使用的 MODEM（调制解调器）也是这样的。初始化字符设备时，它的设备驱动程序向 Linux 登记，并在字符设备向量表中增加一个 device_struct 数据结构条目，

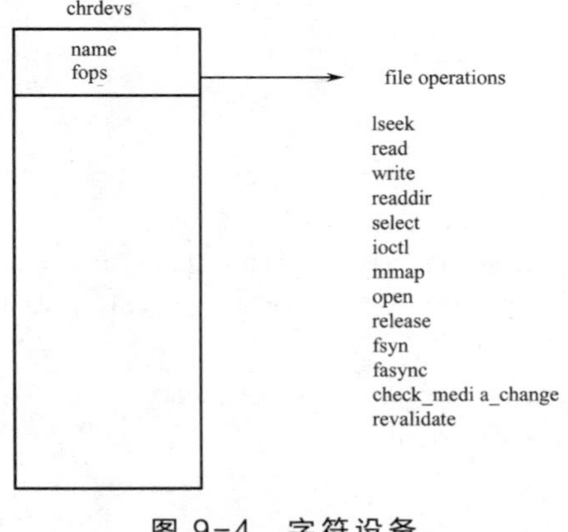

图 9-4　字符设备

这个设备的主设备标识符（例如，对于 tty 设备的主设备标识符是 4）则用做这个向量表的索引。一个设备的主设备标识符是固定的。chrdevs 向量表中的每一个条目都是一个 device_struct 数据结构，包括两个元素：一个登记的设备驱动程序的名称的指针和一个指向一组文件操作的指针。这块文件操作本身位于这个设备的字符设备驱动程序中，每一个都处理特定的文件操作，比如打开、读、写和关闭。"/proc/devices"中字符设备的内容来自 chrdevs 向量表，可参见 "include/Linux/major.h"。

当代表一个字符设备（如/dev/cua0）的字符特殊文件被打开时，核心必须做一些事情，以调用正确的字符设备驱动程序的文件操作例程。与普通文件或目录一样，每一个设备特殊文件都用 VFS i 节点表达。这个字符特殊文件的 VFS inode（实际上所有的设备特殊文件都）包括设备的 major 和 minor 标识符。这个 VFS inode 节点由底层的文件系统（如 ext2）在查找这个设备特殊文件的时候根据实际的文件系统创建。参见 fs/ext2/inode.c->ext2_read_inode( )。

注册字符设备的函数是 register_chrdev()。它在"Linux/fs/char_dev.c"中定义如下。

```
int register_chrdev(unsigned int major, const char *name,
            const struct file_operations *fops)
{
    struct char_device_struct *cd;
    struct cdev *cdev;
    char *s;
    int err = -ENOMEM;

    cd = __register_chrdev_region(major, 0, 256, name);
    if (IS_ERR(cd))
        return PTR_ERR(cd);

    cdev = cdev_alloc();
    if (!cdev)
        goto out2;

    cdev->owner = fops->owner;
    cdev->ops = fops;
    kobject_set_name(&cdev->kobj, "%s", name);
    for (s = strchr(kobject_name(&cdev->kobj),'/'); s; s = strchr(s, '/'))
        *s = '!';
    err = cdev_add(cdev, MKDEV(cd->major, 0), 256);
    if (err)
      goto out;

    cd->cdev = cdev;
```

```
    return major ? 0 : cd->major;
out:
    kobject_put(&cdev->kobj);
out2:
    kfree(__unregister_chrdev_region(cd->major, 0, 256));
    return err;
}
```

9.4.4 Linux 块设备

块设备（Block Device）是文件系统的物质基础，它也支持像文件一样被访问。这种为打开的块特殊文件提供正确的文件操作组的机制和字符设备的十分相似。Linux 用 blkdevs 向量表维护已经登记的块设备文件。它像 chrdevs 向量表一样，使用设备的主设备号作为索引。它的条目也是 device_struct 数据结构。与字符设备不同，块设备进行分类，SCSI 是其中一类，而 IDE 是另一类。类向 Linux 内核登记并向核心提供文件操作。一种块设备类的设备驱动程序向这种类提供和类相关的接口。例如，SCSI 设备驱动程序必须向 SCSI 子系统提供接口，让 SCSI 子系统用来对核心提供这种设备的文件操作，参见 fs/devices.c 文件。

每一个块设备驱动程序必须提供普通的文件操作接口和对 Buffer Cache 的接口。每一个块设备驱动程序填充 blk_dev 向量表中的 blk_dev_struct 数据结构。这个向量表的索引还是设备的主设备号。blk_dev_struct 数据结构包括一个请求例程的地址和一个指针，指向一个 request 数据结构的列表，每一个结构中都表达 Buffer Cache 向设备读/写一块数据的一个请求。参见 drivers/block/ll_rw_blk.c 和 include/Linux/blkdev.h。

当 Buffer Cache 从一个已登记的设备读/写一块数据，或者希望读/写一块数据到其他位置时，它就在 blk_dev_struc 中增加一个 request 数据结构。每个 request 结构都有一个指向一个或多个 buffer_head 数据结构的指针，每一个都是读/写一块数据的请求。如果 buffer_head 数据结构被锁定（Buffer Cache），可能会有一个进程在等待这个缓冲区的阻塞进程完成。每一个 request 结构都是从 all_request 表中分配的。如果 request 增加到空的 request 列表，就调用驱动程序的 request 函数处理这个 request 队列，否则驱动程序只是简单地处理 request 队列中的每一个请求。

一旦设备驱动程序完成了一个请求，它就必须把每一个 buffer_head 结构从 request 结构中删除，标记它们为最新的，然后解锁。对于 buffer_head 的解锁会唤醒任何正在等待这个阻塞操作完成的进程。例如，当系统进行文件解析时，进程首先要等待，直到系统从块设备上读取到下一个包含 Ext2

目录条目的数据块。此时进程先睡眠在包括目录条目的 buffer_head 队列上，该进程由驱动程序唤醒。这个 request 数据结构会被标记为空闲，可以被另一个块请求使用。

字符设备和块设备的主要区别是，在对字符设备发出读/写请求时，实际的硬件 I/O 一般就紧接着发生了。块设备则不然，它利用一块系统内存作为缓冲区，当用户进程对设备请求能满足用户的要求时，就返回请求的数据；如果不能，就调用请求函数来进行实际的 I/O 操作。块设备主要是针对磁盘等慢速设备设计的，以免耗费过多的 CPU 时间来等待。

9.4.5 Linux 网络接口

为了屏蔽网络环境中物理网络设备的多样性，Linux 对所有的物理设备进行抽象并定义了一个统一的概念，并称之为接口（Interface）。所有对网络硬件的访问都是通过接口进行的，接口对上层协议提供一致化的操作集合来处理基本数据的发送和接收，对下层屏蔽硬件差异。

在 Linux 中，所有网络接口都用一个 net_device 数据结构表示。通常，网络设备是一个物理设备，如以太网卡，但软件也可以作为网络设备，如回环设备(Loopback)。所有被网络设备发送和接收的包都用数据结构 skb_buff 表示，这是一个具有很好的灵活性的数据结构，可以很容易增加或删除网络协议数据包头。

9.4.6 Linux 设备文件

Linux 把所有外部设备按其数据交换的特性分为以下 3 类。

（1）字符设备是以字符为单位进行输入/输出的设备，如打印机、显示终端。

（2）块设备是以数据块为单位进行输入/输出的设备，如磁盘、光盘等。

（3）网络设备是以数据包为单位进行数据交换的设备，如以太网卡。

无论哪个类型的设备，Linux 都把它统一作为文件来处理，可以像使用文件一样来使用这些设备。把设备看成文件具有以下几个含义。

（1）每个设备具有一个文件名称，应用程序可以通过设备的文件名来访问具体的设备，同时要受到文件系统访问权限控制机制的保护。

（2）设备在内核中应该对应有一个索引节点。

（3）设备应该可以以文件的方式进行操作。

把设备纳入文件管理体系以后，从用户的角度看，整个设备管理的层次结构如图 9-5 所示。

设备以文件的形式出现在目录/dev 中，部分设备可读可写。通过文件列表就能够看到设备的一些重要细节，如查看 ttyS0 的信息如下。

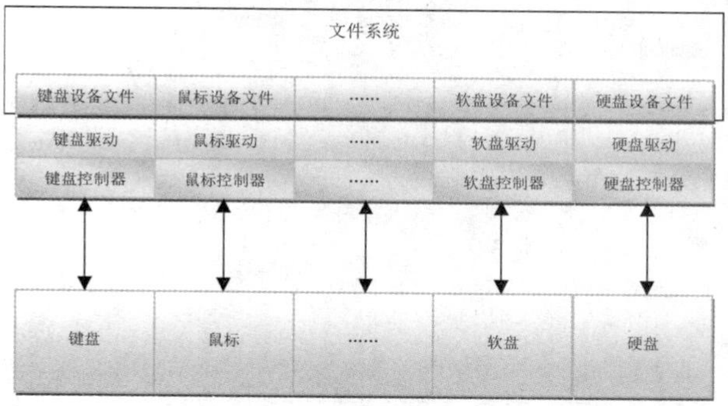

图 9-5 设备文件、驱动程序与外设的关系

```
ls-l /dev/ttyS0
crwxr-xr-x 1 root tty 4, 67 Apr 6 11:59 ttyS0
```

最左边的 c 表明这是一个字符设备。如果是 b，则意味着块设备，p=先入先出设备（FIFO），u=非缓冲字符设备，d=目录，l=符号链接。数字 4 表示设备的主设备号，67 是设备的次设备号。

那么设备编号如何获得？Linux 提供了专门的分配设备编号用的函数 register_chrdev_region()和注销设备用的函数 unregister_chrdev()，它们都在“Linux/fs/char_dev.c”实现。其代码分别如下。

```
int register_chrdev_region(dev_t from, unsigned count, const char *name)
{
    struct char_device_struct *cd;
    dev_t to = from + count;
    dev_t n, next;

    for (n = from; n < to; n = next) {
        next = MKDEV(MAJOR(n)+1, 0);
        if (next > to)
            next = to;
        cd = __register_chrdev_region(MAJOR(n), MINOR(n),
                next - n, name);
        if (IS_ERR(cd))
            goto fail;
      }
      return 0;
fail:
      to = n;
      for (n = from; n < to; n = next) {
          next = MKDEV(MAJOR(n)+1, 0);
          kfree(__unregister_chrdev_region(MAJOR(n), MINOR(n), next - n));
      }
      return PTR_ERR(cd);
}
```

```
void unregister_chrdev_region(dev_t from, unsigned count)
{
    dev_t to = from + count;
    dev_t n, next;

    for (n = from; n < to; n = next) {
        next = MKDEV(MAJOR(n)+1, 0);
        if (next > to)
          next = to;
        kfree(__unregister_chrdev_region(MAJOR(n), MINOR(n), next - n));
    }
}
```

思考与练习

1. 什么是中断？
2. 什么是中断处理程序？编写中断处理程序时需要注意哪些问题？
3. 什么是操作系统的系统调用？
4. 如何为 Linux 系统增加一个系统调用？
5. 简单说明设备的分类。
6. Linux 系统的设备驱动一般分几类？各有什么特点？
7. 什么是设备节点？如何创建？
8. 什么是设备号？在驱动程序中如何申请？

PARTIO

第10章

正则表达式

■ 本章将学习正则表达式，也就是规则表达式。正则表达式其实就是对字符串操作的一种逻辑公式。本章内容包含正则表达式的常用符号和匹配规则，并通过示例来针对性的讲解。

10.1 正则表达式的起源

正则表达式的“鼻祖”或许可一直追溯到科学家对人类神经系统工作原理的早起研究。美国新泽西州的 Warren WcCulloch 和出生在美国底特律的 Walter Pitts 这两位神经生理方面的科学家，研究出了一种用数学方式来描述神经网络的新方法，他们创造性地将神经系统中的神经元描述成了小而简单的自动控制元，从而做出了一项伟大的工作革新。

在 1956 年，一位名叫 Stephen Kleene 的数学科学家在 Warren McCulloch 和 Walter Pitts 早期工作的基础之上，发表了一篇题目是《神经网事件的表示法》的论文，利用称之为正则集合的数学符号来描述此模型，引入了正则表达式的概念。正则表达式被作为用来描述其称之为“正则集的代数”的一种表达式，因而采用了“正则表达式”这个术语。

之后一段时间，人们发现可以将这一工作成果应用于其他方面。Ken Thompson 就把这一成果应用于计算搜索算法的一些早期研究，Ken Thompson 是 UNIX 的主要发明人，也就是大名鼎鼎的 UNIX 之父。UNIX 之父将此符号系统引入编辑器 QED，然后是 UNIX 上的编辑器 ed，并最终引入 grep。Jeffrey Friedl 在其著作《Mastering Regular Expressions (2nd edition)》(中文版译作：精通正则表达式，已出到第三版）中对此作了进一步阐述讲解，如果读者希望更多了解正则表达式理论和历史，推荐你看看这本书。

自此以后，正则表达式被广泛地应用到各种 UNIX 或类似于 UNIX 的工具中，如大家熟知的 Perl。Perl 的正则表达式源自于 Henry Spencer 编写的 regex，之后已演化成了 pcre(Perl 兼容正则表达式 Perl Compatible Regular Expressions)，pcre 是一个由 Philip Hazel 开发的，为很多现代工具所使用的库。正则表达式的第一个实用应用程序即为 UNIX 中的 QED 编辑器。

然后，正则表达式在各种计算机语言或各种应用领域得到了广大的应用和发展，演变成为计算机技术森林中的一只形神美丽且声音动听的百灵鸟。

10.2 正则表达式的基本概念

简单地说，正则表达式是一种可以用于文字模式匹配和替换的强有力的工具，是由一系列普通字符和特殊字符组成的能明确描述文本字符串的文字匹配模式。

正则表达式并非一门专用语言，但也可以看作是一种语言，它可以让用户通过使用一系列普通字符和特殊字符构建能明确描述文本字符串的匹配模式。除了简单描述这些模式之外，正则表达式解释引擎通常可用于遍历匹配，并使用模式作为分隔符来将字符串解析为子字符串，或以智能方式替换文本或重新设置文本格式。正则表达式为解决与文本处理有关的许多常见任务提供了有效而简捷的方式。

正则表达式的特点是：

（1）灵活性、逻辑性和功能性非常得强；

（2）可以迅速地用极简单的方式达到字符串的复杂控制。

（3）对于刚接触的人来说，比较晦涩难懂。

10.3 正则表达式中常用符号的定义

10.3.1 普通字符

普通字符包括没有显式指定为元字符的所有可打印和不可打印字符，包括所有大写和小写字母、所有数字、所有标点符号和一些其他符号。

10.3.2 非打印字符

非打印字符也可以是正则表达式的组成部分。下表列出了表示非打印字符的转义序列，如表 10-1 所示。

表 10-1 非打印字符

字符	描述
\cx	匹配由 x 指明的控制字符。例如，\cM 匹配一个 Control-M 或回车符号。x 的值必须为 A～Z 或 a～z 之一。否则，将 c 视为一个原义的“c”字符
\f	匹配一个换页符，等价于\x0c 和\cL
\n	匹配一个换行符，等价于\x0d 和\cJ
\r	匹配一个回车符，等价于\x0d 和\cM
\s	匹配任何空白字符，包括空格、制表符，换页符等，等价于[\f\n\r\t\v]
\S	匹配任何非空白字符，等价于[^\f\n\r\t\v]
\t	匹配一个制表符，等价于\x09 和\cl
\v	匹配一个垂直制表符，等价于\x0b 和\cK

10.3.3 特殊字符

所谓特殊字符，就是一些有特殊含义的字符，如上面说的"*.txt"中的*，简单地说就是表示任何字符串的意思。如果要查找文件名中有*的文件，则需要对*进行转义，即在其前加一个\. ls *.txt。

许多元字符要求在试图匹配它们时特别对待。若要匹配这些特殊字符，必须首先使字符“转义”，即将反斜杠字符（\）放在它们前面。表 10-2 所示列出了正则表达式中的特殊字符。

表 10-2 特殊字符

<table>
<tr><th>特别字符</th><th>描述</th></tr>
<tr><td>$</td><td>匹配输入字符串的结尾位置。如果设置了 RegExp 对象的 Multiline 属性，则$也匹配“\n”或“\r”。要匹配$字符本身，请使用\$</td></tr>
<tr><td>()</td><td>标记一个子表达式的开始和结束位置。子表达式可以获取供以后使用。要匹配这些字符，请使用\</td></tr>
<tr><td>*</td><td>匹配前面的子表达式零次或多次。要匹配*字符，请使用*</td></tr>
<tr><td>+</td><td>匹配前面的子表达式一次或多次。要匹配+字符，请使用\+</td></tr>
<tr><td>.</td><td>匹配除换行符\n 之外的任何单字符。要匹配.，请使用\</td></tr>
<tr><td>[</td><td>标记一个中括号表达式的开始。要匹配[，请使用\[</td></tr>
<tr><td>?</td><td>匹配前面的子表达式零次或一次，或指明一个非贪婪限定字符。要匹配?字符，请使用\?</td></tr>
<tr><td>\</td><td>将下一个字符标记为或特殊字符、或原意字符、或向后引用、或八进制转义字符。例如，“n”匹配字符“n”。“\n”匹配换行符。序列“\\”匹配“\” ，而“\(”则匹配“(”</td></tr>
<tr><td>^</td><td>匹配输入字符串的开始位置，除非在方括号表达式中使用，此时它表示不接受该字符集合。要匹配^字符本身，请使用\^</td></tr>
<tr><td>{</td><td>标记限定符表达式的开始。要匹配{，请使用\{</td></tr>
<tr><td>|</td><td>指明两项之间的一个选择。要匹配 | ，请使用\|</td></tr>
</table>

10.3.4 限定符

限定符用来指定正则表达式的一个给定组件必须要出现多少次才能满足匹配。有*或+或?或{n}或{n,}或{n,m}共 6 种。正则表达式的限定符如表 10-3 所示。

表 10-3 限定符

特别字符	描述
*	匹配前面的子表达式零次或多次。例如，zo*能匹配“z”以及“zoo”。*等价于{0,}
+	匹配前面的子表达式一次或多次。例如，“zo+”能匹配“zo”以及“zoo”。但不能匹配“z”。+等于{1,}
?	匹配前面的子表达式零次或一次。例如，“do(es)?”可以匹配“do”或“does”中的“do”。?等价于{0,1}
{n}	N 是一个非负整数。匹配确定的 n 次。例如，“o{2}”不能匹配“Bob”中的“o”,但是能匹配“food”中的两个 o
{n,}	n 是一个非负整数，至少匹配 n 次。例如，“o{2,} ”不能匹配“Bob”中的“o”，但是能匹配“foooood”中的所有 o。“o{1,} ”等价于“o+”。“o{0,}”则等价于“o*”
[	标记一个中括号表达式的开始。要匹配[，请使用\[
{n,m}	m 和 n 均为非负整数，其中 n<=m。最少匹配 n 次且最多匹配 m 次。例如，“o{1,3}”将匹配“fooooood”中前三个 o，“o{0,1}”等价于“o?”。请注意在逗号和两个数之间不能有空格

10.4 正则表达式常用匹配规则

10.4.1 基本模式匹配

一切从最基本的开始。模式是正规表达式最基本的元素，它们是一组描述字符串特征的字符。模式可以很简单，由普通的字符串组成，也可以非常复杂，往往用特殊的字符表示一个范围内的字符、重复出现，或表示上下文。例如：

```
^once
```

这个模式包含一个特殊的字符^，表示该模式只匹配那些以 once 开头的字符串。

例如，该模式与字符串"once upon a time"匹配，与"There once was a man from NewYork"不匹配。正如^符号表示开头一样，$符号用来匹配那些以给定模式结尾的字符串。

```
bucket$
```

这个模式与"Who kept all of this cash in a bucket"匹配，与"buckets"不匹配。字符^和$同时使用时，表示精确匹配（字符串与模式一样）。例如：

```
^bucket$
```

只匹配字符串"bucket"。如果一个模式不包括^和$，那么它与任何包含该模式的字符串匹配。例如：模式

```
once
```

与字符串

```
There once was a man from NewYork
Who kept all of his cash in a bucket.
```

是匹配的。

在该模式中的字母(o-n-c-e)是字面的字符，也就是说，它们表示该字母本身，数字也是一样的。其他一些稍微复杂的字符，如标点符号和白字符（空格、制表符等）要用到转义序列。所有的转义序列都用反斜杠(\)打头。制表符的转义序列是：\t。所以如果要检测一个字符串是否以制表符开头，可以用这个模式：

```
^\t
```

类似的，用\n 表示“新行”，\r 表示回车。其他的特殊符号可以用在前面加上反斜杠，如反斜杠本身用\\表示，句号.用\.表示，以此类推。

10.4.2 字符簇

在 INTERNET 的程序中，正规表达式通常用来验证用户的输入。当用户提交一个 FORM 以后，要判断输入的电话号码、地址、EMAIL 地址、信用卡号码等是否有效，用普通的基于字面的字符是不够的。所以要用一种更自由的描述需要的模式的办法，它就是字符簇。要建立一个表示所有元音字符的字符簇，就把所有的元音字符放在一个方括号里：

```
[AaEeIiOoUu]
```

这个模式与任何元音字符匹配，但只能表示一个字符。用连字号可以表示一个字符的范围，如：

```
[a-z]           //匹配所有的小写字母
[A-Z]           //匹配所有的大写字母
[a-zA-Z]        //匹配所有的字母
[0-9]           //匹配所有的数字
[0-9\.\-]       //匹配所有的数字，句号和减号
[ \f\r\t\n]     //匹配所有的白字符
```

同样的，这些也只表示一个字符，这是一个非常重要的。如果要匹配一个由一个小写字母和一位数字组成的字符串，比如"z2"、"t6"或"g7"，但不是"ab2"、"r2d3" 或"b52"的话，用这个模式：

```
^[a-z][0-9]$
```

尽管[a-z]代表 26 个字母的范围，但在这里它只能与第一个字符是小写字母的字符串匹配。

前面曾经提到^表示字符串的开头，但它还有另外一个含义。当在一组方括号里使用^时，它表示“非”或“排除”的意思，常常用来剔除某个字符。

还用前面的例子，要求第一个字符不能是数字：

```
^[0-9][0-9]$
```

这个模式与"&5"、"g7"及"-2"是匹配的，但与"12"、"66"是不匹配的。下面是几个排除特定字符的例子：

```
[^a-z]          //除了小写字母意外的所有字符
[^\\\/\^]       //除了（\）（/）（^）之外的所有字符
[^\"\']         //除了双引号（"）和单引号（'）之外的所有字符
```

特殊字符"."(点，句号)在正规表达式中用来表示除了“新行”之外的所有字符。所以模式"^.5$"与任何两个字符的、以数字5结尾和以其他非“新行”字符开头的字符串匹配。模式"."可以匹配任何字符串，除了空串和只包括一个“新行”的字符串。

10.4.3 确定重复出现

到现在为止，读者已经知道如何去匹配一个字母或数字，但更多的情况下，可能要匹配一个单词或一组数字。一个单词有若干个字母组成，一组数字有若干个单数组成。跟在字符或字符簇后面的花括号（{}）用来确定前面的内容的重复出现的次数，如表10-4所示。

表10-4 字符簇

字符簇	描述
^[a-zA-Z_]$	所有的字母和下划线
^[[:alpha:]]{3}$	所有的3个字母的单词
^a$	字母a
^a{4}$	aaaa
^a{2,4}$	aa，aaa或aaaa
^a{1,3}$	a，aa或aaa
^a{2,}$	包含多余两个a的字符串
^a{2,}	如：aardvark和aaab，但apple不行
a{2,}	如：baad和aaa，但Nantucket不行
\t{2}	两个制表符
.{2}	所有的两个字符

这些例子描述了花括号的三种不同的用法。一个数字，{x}的意思是“前面的字符或字符簇只出现x次”；一个数字加逗号，{x,}的意思是“前面的内容出现x或更多的次数”；两个用逗号分隔的数字，{x,y}表示“前面的内容至少出现x次，但不超过y次”。我们可以把模式扩展到更多的单词或数字：

```
^[a-zA-Z0-9_]{1,}$              //所有包含资格以上的字符、数字或下划线的字符串
^[0-9]{1,}$                     //所有的正数
^\-{0,1}[0-9]{1,}$              //所有的整数
^[-]?[0-9]+\.?[0-9]+$           //所有的浮点数
```

最后一个例子不太好理解，是吗？可以这么理解：与所有以一个可选的负号([-]?)开头(^)、跟着 1 个或更多的数字([0-9]+)、和一个小数点(\.)再跟上 1 个或多个数字([0-9]+)，并且后面没有其他任何东西($)。下面读者将知道能够使用的更为简单的方法。

特殊字符"?"与{0,1}是相等的，它们都代表着“0 个或 1 个前面的内容”或“前面的内容是可选的”。所以刚才的例子可以简化为：

```
^\-?[0-9{0,}\.?[0-9]{0,}$
```

特殊字符"*"与{0,}是相等的，它们都代表着“0 个或多个前面的内容”。最后，字符"+"与 {1,}是相等的，表示“1 个或多个前面的内容”，所以上面的 4 个例子可以写成：

```
^[a-zA-Z0-9_]+$                 //所有包含一个以上的字母、数字下划线的字符串
^[0-9]+$                        //所有的正数
^\-?[0-9]+$                     //所有的整数
^\-?[0-9]*\.?[0-9]*$            //所有的浮点数
```

10.5 正则表达式应用部分示例

10.5.1 简单表达式

正则表达式的最简单形式是在搜索字符串中匹配其本身的单个普通字符。例如，单字符模式，如 A，不论出现在搜索字符串中的何处，它总是匹配字母 A。下面是一些单字符正则表达式模式的示例：

正则表达式的实例

```
/a/
/7/
/M/
```

可以将许多单字符组合起来以形成大的表达式。例如，以下正则表达式组合了单字符表达式：a、7 和 M。

```
/a7M/
```

请注意，没有串联运算符。只需在一个字符后面键入另一个字符。

10.5.2 字符匹配

句点（.）匹配字符串中的各种打印或非打印字符，只有一个字符例外。这个例外就是换行符（\n）。下面的正则表达式匹配 aac、abc、acc、adc 等，

以及 a1c、a2c、a-c 和 a#c：

```
/a.c/
```

若要匹配包含文件名的字符串，而句点（.）是输入字符串的组成部分，请在正则表达式中的句点前面加反斜扛（\）字符。举例来说明，下面的正则表达式匹配 filename.ext：

```
/filename\.ext
```

这些表达式只让您匹配“任何”单个字符。可能需要匹配列表中的特定字符组。例如，可能需要查找用数字表示的章节标题（Chapter 1、Chapter 2 等）。

10.5.3 中括号表达式

若要创建匹配字符组的一个列表，请在方括号（[和]）内放置一个或更多单个字符。当字符括在中括号内时，该列表称为“中括号表达式”。与在任何别的位置一样，普通字符在中括号内表示其本身，即它在输入文本中匹配一次其本身。大多数特殊字符在中括号表达式内出现时失去它们的意义。不过也有一些例外，如：

如果]字符不是第一项，它结束一个列表；若要匹配列表中的]字符，请将它放在第一位，紧跟在开始[后面。

字符继续作为转义符。若要匹配\字符，请使用\\。

括在中括号表达式中的字符只匹配处于正则表达式中该位置的单个字符。以下正则表达式匹配 Chapter 1、Chapter 2、Chapter 3、Chapter 4 和 Chapter 5：

```
/Chapter [12345]/
```

请注意，单词 Chapter 和后面的空格的位置相对于中括号内的字符是固定的。中括号表达式指定的只是匹配紧跟在单词 Chapter 和空格后面的单个字符位置的字符集。这是第九个字符位置。

若要使用范围代替字符本身来表示匹配字符组，请使用连字符（-）将范围中的开始字符和结束字符分开。单个字符的字符值确定范围内的相对顺序。下面的正则表达式包含范围表达式，该范围表达式等效于上面显示的中括号中的列表。

```
/Chapter [1-5]/
```

当以这种方式指定范围时，开始值和结束值两者都包括在范围内。注意，还有一点很重要，按 Unicode 排序顺序，开始值必须在结束值的前面。

若要在中括号表达式中包括连字符，请采用下列方法之一。

（1）用反斜杠将它转义：

```
[\-]
```

（2）将连字符放在中括号列表的开始或结尾。下面的表达式匹配所有小写字母和连字符：

```
[-a-z]
[a-z-]
```

（3）创建一个范围，在该范围中，开始字符值小于连字符，而结束字符值等于或大于连字符。下面的两个正则表达式都满足这一要求：

```
[!--]
[!-~]
```

若要查找不在列表或范围内的所有字符，请将插入符号（^）放在列表的开头。如果插入字符出现在列表中的其他任何位置，则它匹配其本身。下面的正则表达式匹配 1、2、3、4 或 5 之外的任何数字和字符：

```
/Chapter [12345]/
```

在上面的示例中，表达式在第九个位置匹配 1、2、3、4 或 5 之外的任何数字和字符。这样，例如，Chapter 7 就是一个匹配项，Chapter 9 也是一个匹配项。

上面的表达式可以使用连字符（-）来表示：

```
/Chapter [^1-5]/
```

中括号表达式的典型用途是指定任何大写或小写字母或任何数字的匹配。下面的表达式指定这样的匹配：

```
/Chapter [^1-5]/
```

10.5.4 替换和分组

替换使用|字符来允许在两个或多个替换选项之间进行选择。例如，可以扩展章节标题正则表达式，以返回比章标题范围更广的匹配项。但是，这并不像读者可能认为的那样简单。替换匹配 | 字符任一侧最大的表达式。

读者可能认为，下面的表达式匹配出现在行首和行尾，后面跟一个或两个数字的 Chapter 或 Section：

```
/^Chapter|Section [1-9][0-9]{0,1}$/
```

很遗憾，上面的正则表达式要么匹配行首的单词 Chapter，要么匹配行尾的单词 Section 及跟在其后的任何数字。如果输入字符串是 Chapter 22，那么上面的表达式只匹配单词 Chapter。如果输入字符串是 Section 22，那么该表达式匹配 Section 22。

若要使正则表达式更易于控制，可以使用括号来限制替换的范围，即确保它只应用于两个单词 Chapter 和 Section。但是，括号也用于创建子表达式，并可能捕获它们以供以后使用，这一点在有关反向引用的那一节讲述。通过在上面的正则表达式的适当位置添加括号，就可以使该正则表达式匹配 Chapter 1 或 Section 3。

下面的正则表达式使用括号来组合 Chapter 和 Section，以便表达式正确地起作用：

```
/^(Chapter|Section) [1-9][0-9]{0,1}$/
```

尽管这些表达式正常工作，但 Chapter|Section 周围的括号还将捕获两个匹配字中的任一个供以后使用。由于在上面的表达式中只有一组括号，因此，只有一个被捕获的“子匹配项”。

在上面的示例中，读者只需要使用括号来组合单词 Chapter 和 Section 之间的选择。若要防止匹配被保存以备将来使用，请在括号内正则表达式模式之前放置 ?:。下面的修改提供相同的能力而不保存子匹配项：

```
/^(?:Chapter|Section) [1-9][0-9]{0,1}$/
```

除 ?: 元字符外，两个其他非捕获元字符创建被称为“预测先行”匹配的某些内容。正向预测先行使用 ?= 指定，它匹配处于括号中匹配正则表达式模式的起始点的搜索字符串。反向预测先行使用 ?! 指定，它匹配处于与正则表达式模式不匹配的字符串的起始点的搜索字符串。

例如，假设有一个文档，该文档包含指向 Windows 3.1、Windows 95、Windows 98 和 Windows NT 的引用。再进一步假设，需要更新该文档，将指向 Windows 95、Windows 98 和 Windows NT 的所有引用更改为 Windows 2000。下面的正则表达式(这是一个正向预测先行的示例)匹配 Windows 95、Windows 98 和 Windows NT：

```
/Windows(?=95 |98 |NT )/
```

找到一处匹配后，紧接着就在匹配的文本（不包括预测先行中的字符）之后搜索下一处匹配。例如，如果上面的表达式匹配 Windows 98，将在 Windows 之后而不是在 98 之后继续搜索。

10.5.5 其他示例

下面列出一些正则表达式示例如表 10-5 所示。

表 10-5 其他示例

正则表达式	描述
/\b([a-z]+) \1\b/gi	一个单词连续出现的位置
/(\w+):\/\/([^/:]+)(:\d*)?([^#]*)/	将一个 URL 解析为协议、域、端口及相对路径
/^(?:Chapter|Section) [1-9][0-9]{0,1}$/	定位章节的位置
/[-a-z]/	a 至 z 共 26 个字母再加一个-号
/ter\b/	可匹配 chapter，而不能匹配 terminal
/\Bapt/	可匹配 chapter，而不能匹配 aptitude

续表

正则表达式	描述
/Windows(?=95 |98 |NT)/	可匹配 Windows95 或 Windows98 或 WindowsNT，当找到一个匹配后，从 Windows 后面开始进行下一次的检索匹配
/^\s*$/	匹配空行
/\d{2}-\d{5}/	验证由两位数字、一个连字符再加 5 位数字组成的 ID 号

思考与练习

1. 什么是正则表达式？
2. 简单说明一下正则表达式中常用符号的定义分类？
3. 正则表达式常用的匹配规则有哪些？